U0190048

全球海洋治理视阈下的"北海治理模式"研究

张乐磊　著

中国海洋大学出版社

·青岛·

图书在版编目（CIP）数据

全球海洋治理视阈下的"北海治理模式"研究／张
乐磊著. —青岛：中国海洋大学出版社，2021.12
　　ISBN 978-7-5670-3089-3

Ⅰ.①全…　Ⅱ.①张…　Ⅲ.①北海－海洋学－研
究　Ⅳ.①P7

中国版本图书馆CIP数据核字（2021）第279433号

全球海洋治理视阈下的"北海治理模式"研究

QUANQIU HAIYANG ZHILI SHIYU XIA DE "BEIHAI ZHILI MOSHI" YANJIU

出版发行	中国海洋大学出版社
社　　址	青岛市香港东路23号　　邮政编码　266071
出 版 人	杨立敏
网　　址	http://pub.ouc.edu.cn
订购电话	0532-82032573（传真）
责任编辑	张　华　　　　　电　　话　0532-85902342
电子信箱	zhanghua@ouc-press.com
印　　制	青岛国彩印刷股份有限公司
版　　次	2021年12月第1版
印　　次	2021年12月第1次印刷
成品尺寸	144 mm × 215 mm
印　　张	6.25
字　　数	149千
印　　数	1～1000
定　　价	78.00元

发现印装质量问题，请致电0532-58700166，由印刷厂负责调换。

CONTENTS 目录

绪 论

一、选题的目的和意义

北海是大西洋东北部的一个半闭海，位于大不列颠岛以东、斯堪的纳维亚半岛西南、欧洲大陆以北，向西南经多佛尔海峡和英吉利海峡与凯尔特海相通，向东经斯卡格拉克海峡和卡特加特海峡与波罗的海相连，向北与大西洋及挪威海相接，生物和油气资源丰富，是世界上重要的渔场、产油区和国际海上通道。"北海治理模式"涉及的北海沿岸国包括英国、法国、比利时、荷兰、德国、丹麦、瑞典和挪威。这些国家经济发达，贸易交往频繁，较早开展机制化区域合作，涉及海洋环境保护、渔业资源管理、海洋科研、新能源开发和可持续发展等领域。北海海洋治理内容丰富，在理念、体系和运行上较为成熟，在某些方面较其他半闭海地区海洋治理更为超前，值得深入研究挖掘，包括总结这个"模式"的核心要义、外部条件、内生机制、经验做法。

研究全球海洋治理的"北海治理模式"，具有重要的学术和现实意义。

第一，可以为其他半闭海治理提供可资借鉴的国际范例。研究半闭海治理问题，需要开阔的视野，除了看到国与国的战略博弈，也须更多地看到国家间合作的可能性和可塑性。北海沿岸国妥善处理分歧、积极合作，带来了地区的发展与繁荣。

第二，有利于丰富和充实全球海洋治理理论的实践例

证。北海区域合作的实践时间早，区域合作的主要机构和运行
机制比较完善，相关海洋政策能够落地落实，为全球海洋治理
理论提供典型案例和实践支撑。

第三，有助于进一步做好对欧外交工作，促进跨区域合
作。结合北海周边国家情况与相互合作实践进行国际关系研
究，能够为对欧外交工作提供新的视角和政策指导，这对中国
外交人员做好相关工作很有帮助。此外，研究北海沿岸国的不
同诉求，能够为中国开展相关外交工作提供借鉴，进而对加强
中国与北海沿岸国合作产生积极影响。

二、国内外研究现状

（一）有关全球海洋治理的研究

近年来，人们越来越多地使用全球海洋治理这个概念，
学术界对全球海洋治理的研究也在增加，但是系统性研究仍不
多。

瓦莱加的《后现代社会的海洋治理——地理视角》讨论了
1992年联合国环境与发展会议提出的沿海地区综合管理主张与
科学界坚持分析性认识论、方法论之间的矛盾，以及地理学在
促进海洋治理方面的作用。[①]美国杜克大学副教授坎贝尔（Lisa
M. Campbell）、加拿大圭尔夫大学副教授格雷（Noella J. Gray）

---

① Adalberto Vallega. Ocean Governance in Post-modern Society—A
Geographical Perspective ［J］. Marine Policy, 2001, 25（6）: 399-414.

等在《全球海洋治理：新出现的问题》一文中从海洋水文层面、政治层面及社会层面，探讨了全球海洋治理面临的挑战。[①]丹麦奥尔堡大学教授塔滕霍夫（Jan van Tatenhove）在《整合型海洋治理：合法性问题》一文中探讨了整合型海洋治理所面临的合法性问题。[②]葡萄牙新里斯本大学研究员费雷拉（Maria Adelaide Ferreira）、英国海景顾问有限公司约翰逊（David Johnson）等在《对海洋治理成功与否的衡量：以葡萄牙系列指标为例》一文中以葡萄牙对海洋治理效能的评估作为案例，来探讨海洋治理成功的标准。[③]奥尔森（Erik Olsoa）等的《巴伦支海的海洋综合治理是如何在石油增产的驱动下产生的》指出，现代社会需要就海洋资源管理作出复杂的决定，挪威的罗弗敦-巴伦支海地区综合管理计划一直是提高决定合法性的积极因素，但它仍有进一步发展的潜力，以解决一个基本价值问题，即在使用和养护之间取得科学和社会层面可接受的平衡。[④]雷弗斯（Rosemary Rayfase）等的《融化时刻：气候变暖世界中极地海洋治理的未来》从海洋治理的角度分析了气候变化给极地地区带来的法律挑战，并就今后如何发展极地海

---

① Lisa M. Campbell, Noella J. Gray, Luke Fairbanks, et al. Global Oceans Governance: New and Emerging Issues［J］. Annual Review of Environment & Resources, 2016, 41（1）: 517-543.

② Jan van Tatenhove. Integrated Marine Governance: Questions of Legitimacy［J］. Maritime Studies, 2011, 10（1）: 87-113.

③ Maria Adelaide Ferreira, David Johnson, Carlos Pereira da Silva. Measuring Success of Ocean Governance: a Set of Indicators from Portugal［J］. Journal of Coastal Research, 2016, 2（75）: 982-986.

④ Erik Olsen, Silje Holen, Alf Håkon Hoel, et al. How Integrated Ocean Governance in the Barents Sea was Created by a Drive for Increased Oil Production［J］. Marine Policy, 2016, 71: 293-300.

洋治理制度提出初步意见。^①朱达（Lawrence Juda）的《制定大型海洋生态系统治理功能性方法的考虑因素》着眼有效实施大型海洋生态系统管理，探讨了相关治理安排所涉及的一些问题、概念和原则。朱指出，在一个地方行之有效的社会经济和治理措施在其他地方可能并不有效。如果要实现变革，就必须了解当地的情况和人们的动机。^②

　　黄任望在《全球海洋治理初探》一文中尝试对全球海洋治理进行定义，并对全球海洋治理的主体、客体和方法进行初探。^③中国海洋大学的王琪和崔野在《将全球治理引入海洋领域——论全球海洋治理的基本问题与我国的应对策略》一文中探讨了全球海洋治理的产生背景、基本内涵、构成要素及制约因素等理论问题，并就我国在全球海洋治理中的地位和应对策略进行分析。^④庞中英的《在全球层次治理海洋问题——关于全球海洋治理的理论与实践》紧扣国际公海的特性，从全球治理的一般理论入手，讨论以联合国为中心的全球海洋治理及其存在的问题，提出全球海洋治理研究的议程，向治理海洋问题的全球行动者提出一些关键性的政策建议。^⑤袁沙的《全球海

① Rosemary Rayfuse. Melting Moments: The Future of Polar Oceans Governance in a Warming World [J]. RECIEL, 2007, 16（2）: 196-216.

② Lawrence Juda. Considerations in Developing a Functional Approach to the Governance of Large Marine Ecosystems [J]. Ocean Development & International Law, 1999, 30（2）: 89-125.

③ 黄任望. 全球海洋治理问题初探 [J]. 海洋开发与管理，2014（3）: 48-56.

④ 王琪，崔野. 将全球治理引入海洋领域——论全球海洋治理的基本问题与我国的应对策略 [J]. 太平洋学报，2015（6）: 17-27.

⑤ 庞中英. 在全球层次治理海洋问题——关于全球海洋治理的理论与实践 [J]. 社会科学，2018（9）: 3-11.

洋治理：从凝聚共识到目标设置》指出，设置全球海洋治理目标需要凝聚全球海洋治理的价值共识，培养正确的海洋伦理观念，塑造顺应时代的全球海洋观，唯有如此，才能推动海洋治理理念的全球化。①

（二）有关半闭海地区合作的研究

国外学者通过将国际关系与其他学科相结合的方式对半闭海地区合作开展了不少研究。韩国学者李石佑（Seokwoo Lee）和金正宇（Jeong Woo Kim）的文章《联合国海洋法公约与合作的义务——半闭海合作的国际法框架》讨论了《联合国海洋法公约》（以下简称《公约》）中合作义务的不同类别和帮助成员国遵守《公约》条款的政策建议，并指出，如若尚无法对《公约》进行修订，至少应在地区层面就有关义务达成共识，使订立合作义务的地区协议更容易。应持续推动当事国履行合作义务，提供信息，寻求谈判。文中呼吁根据《公约》条款配套出台国内法律法规。②翁格（David M. Ong）的《200海里以外大陆架共有自然资源合作前景和〈联合国海洋法公约〉第八十二条对近半闭海内陆发展中国家的影响》分析指出，海上共同开发的做法适用于半闭海200海里以外，符合地理上接近半闭海、经济上属最不发达国家等特定标准的内陆国家，应依据《公约》第八十二条获得矿物开采收入，依据第六十九条获得渔业盈余。有关沿海国是否按照《公约》第

① 袁沙. 全球海洋治理：从凝聚共识到目标设置［J］.中国海洋大学学报（社会科学版），2018（1）：1-11.
② Seokwoo Lee, Jeong Woo Kim. UNCLOS and the Obligation to Cooperate: International Legal Framework for Semi-Enclosed Seas Cooperation［G］. Maritime Cooperation in Semi-Enclosed Seas, 2019: 11-29.

三〇〇条的要求，有诚意地为属于这一特殊类别的内陆发展中国家执行第八十二和六十九条规定仍有待观察。美国肯特州立大学国际关系与法学教授波切克（Boleslaw A. Boczek）在其论文《针对污染的波罗的海环境保护国际行动——海洋区域主义研究》中分析了波罗的海国家应对海洋污染的区域合作进程，从最初以北欧国家为主签署双边和次区域协议，逐步发展为区域全面合作。文章还评估了有关项目实现预期目标的可能性以及作为其他海域类似安排范例的价值。[①]澳大利亚伍伦贡大学国家海洋资源与安全中心教授斯科菲尔德（Clive Schofield）和加拿大不列颠哥伦比亚大学法学教授汤森-高特（Ian Townsend-Gault）在《从隔离之海到合作舞台——在亚得里亚海应用闭海和半闭海制度》一文中从国际法、地缘政治和政策考量角度分析了亚得里亚海次区域海洋治理和保护。该文指出，相关国际法规和条约为半闭海区域的沿岸国家开展海洋合作提供了法律依据，《联合国海洋法公约》的半闭海制度倡导从海洋生物资源开发、海洋环境保护和海洋科学考察三方面开展合作。亚得里亚海沿岸国在竞争和争议中努力寻求合作。[②]加拿大达尔豪斯大学海洋与环境法学院教授奇尔科普（Aldo Chircop）撰写了《南海海洋环境保护区域合作：关于海洋保护新路径的思考》并指出，联合国政府间气候变化专门委员会的评估报告预测气候生态变化将对南海生态系统、沿海

---

① Boleslaw A. Boczek. International Protection of the Baltic Sea Environment Against Pollution: A Study in Marine Regionalism［J］. The American Journal of International Law, 1978, 72（4）: 782-814.

② Clive Schofield, Ian Townsend-Gault. From Sundering Seas to Arenas for Cooperation: Applying the Regime of Enclosed and Semi-Enclosed Seas to the Adriatic［J］. Geoadria, 2012, 17（1）: 13-24.

居民和地区经济产生不利影响，南海沿岸国应高度重视海洋保护合作，以更好地适应气候变化。文章就通过海洋保护区跨界联合有效促进南海大海洋生态系合作进行了探讨。①

国内学者关于半闭海地区合作的研究成果不多，但已开始进行有益探索。南京大学中国南海研究协同创新中心李聆群的文章《南海渔业合作：来自地中海渔业合作治理的启示》通过梳理半个世纪以来地中海渔业合作实践所形成的地区特色、法理架构和问题挑战，分析了其治理经验对南海渔业合作的借鉴意义。②南京大学法学院张华的《论南海争端各方合作的法律义务及前景》指出，尽管合作义务的法律属性由于《联合国海洋法公约》第一二三条的措辞含糊而引发一定的争议，但按照公约解释的原理，半闭海沿岸国家的确被施加了具有法律约束力的合作义务。对比欧洲半闭海沿岸国合作的先进经验，目前南海地区的合作基本上处于初级阶段。在南海争端最终获得解决之前，南海周边国家应当保持适当克制，并着重在一些低敏感度的领域开展功能性的合作。③

（三）有关北海区域合作及涉北海问题的研究

国外一些涉北海问题的研究在不同程度上提及了北海地

① Aldo Chircop. Regional Cooperation in Marine Environmental Protection in the South China Sea: A Reflection on New Directions for Marine Conservation [J]. Ocean Development & International Law, 2010, 41 (4): 334-356.

② 李聆群.南海渔业合作：来自地中海渔业合作治理的启示 [J]. 东南亚研究，2017 (4): 114-131.

③ 张华.论南海争端各方合作的法律义务及前景 [J]. 太平洋学报，2016 (1): 1-10.

区多边合作，但北海海洋治理区域合作很少成为主要研究对象和内容。英国赫瑞·瓦特大学教授丹森（Mike Danson）就北海宏观区域战略必要性和可行性进行了探讨并指出，北海周边国家在创新经济可持续发展模式方面走在前列，仿效波罗的海地区制定北海宏观区域战略未必能促进北海地区现有合作，目前看，欧盟无意出台有关战略。①英国邓迪大学教授卡梅伦（Peter D. Cameron）的论文《参与规则：北海和加勒比海跨界石油矿藏开发》指出，根据英国和挪威1965年大陆架划界协定对跨疆界资源作出的原则性规定，英、挪两国于1976年达成费里格气田联合开发协议，这成为北海其他沿岸国乃至世界其他国家参照的油气资源共同开发模式。2005年，英、挪两国达成《跨境石油合作框架协议》，进一步便利化跨界石油开发合作，在坚持主权权益的同时更多采用商业运作思维处理问题，这可能会像几十年前那样对其他国家产生深远影响。②卡彭特的《〈波恩协定〉空中监测方案：1986—2004年北海石油污染趋势》研究了北海油污空中监测运用情况，认为波恩空中监测方案及8个北海周边国家之间的合作活动在继续保护该区域的海洋环境方面可发挥重要作用。辛森和范德尚斯的《共同治理：北海决策的新途径？》认为，北海环境问题不能完全由各国政府来解决，需要在国际、国家或地方层面的公共和私营

---

① Mike Danson. An emerging North Sea Macro-region? Implications for Scotland [J]. Journal of Baltic Studies, 2017, 48（4）: 421-434.

② Peter D. Cameron. The Rules of Engagement: Developing Cross-Border Petroleum Deposits in the North Sea and the Caribbean [J]. The International and Comparative Law Quarterly, 2006, 55（3）: 559-585.

部门共同参与。霍默斯利的《北海的合作与边界：英国脱欧前后的立场》指出，北海沿岸国之间的海洋合作早于北海划界进程，目前英国已在北海确立专属经济区和大陆架边界。北海沿岸国在环境等问题上进行了密切合作，完全符合《联合国海洋法公约》第一二三条的要求。英国脱欧后，其与《联合国海洋法公约》《保护东北大西洋海洋环境公约》和《波恩协定》的法律关系发生变化，不再是之前的部分国际法、部分欧盟法范畴，而是完全转变为国际法范畴。穆勒和罗根坎普的《规范北海的近海能源——重塑还是更多协调？》考察了北海石油、天然气和风能开发的法律框架。他们指出，立法者在起草海上风能法律时很少明确借鉴石油和天然气部门的经验，日益激烈的海洋空间竞争可能需要对海上风能和石油部门进行进一步协调。德代卡等的《北海近海电网扩展规划：综合治理约束模拟》指出，北海海上风电快速发展，但综合海上电网建设仍面临障碍，尚缺乏有效的治理决策方法。在具体电网扩展规划中，特别是对于多终端高压直流线路和集成输电线路的应用，需要考虑线路技术和类型交互问题。米德尔和韦罗内斯的《关注海洋噪声污染的影响：生命周期影响评估中的北海鲸类案例》通过制定北海的特征因子（CF），首次提出了将噪声对海洋生态系统的影响纳入生命周期评估（LCA）框架的方法，评估了在北海建设海上风电场期间打桩对鲸类动物避让行为的影响。通过研究发现，噪声污染的总影响与淡水富营养化、淡水生态毒性、陆地酸化和陆地生态毒性对其他生态系统的影响在同一数量级。

国内学者较少关注涉北海问题，但有部分从历史学、海洋学角度探讨相关问题的著述。南京大学历史学院教授舒小昀在《北海油气资源与周边国家边界划分》一文中指出，北海沿岸国社会经济对北海资源具有很大依赖性，北海油气资源的占有和使用是人们不得不关注的现实问题。北海丰富的资源和周边国家之间的协议为北海资源开发创造了条件。[①]李静等撰写的《欧洲北海溢油应急合作机制初探》梳理了1983年《处理北海油污和其他有害物质合作协议》关于缔约方权利和使命、应急合作组织体系、资金制度及具体措施的规定，总结了北海区域溢油应急合作的成功经验。[②]

综上所述，目前有关全球海洋治理"北海治理模式"的研究比较缺乏，无论是对北海区域合作的历史脉络梳理，还是对北海海洋治理的机制和特点分析，均未见相应的系统著述。

三、研究方法

在"冷战"后时代，区域主义与全球主义构成国际关系两大潮流，区域主义的合作、互利和开放性日趋明显。同时，伴随全球化发展，各种全球性问题不断涌现，全球治理理论应运而生。全球治理既是一种规则体系，也是一种活动或过程。作为全球治理组成内容的全球海洋治理既离不开主权国家的参与，也离不开非国家行为体的参与。本研究结合全球治理

[①] 舒小昀. 北海油气资源与周边国家边界划分［J］. 湖南科技学院学报，2007，28（11）：127-129.

[②] 李静，周青，孙培艳，等. 欧洲北海溢油应急合作机制初探［J］. 海洋开发与管理，2015（6）：81-84.

理论对全球海洋治理"北海治理模式"进行考察，从深层次把握合作的动因、机制和趋势等。

具体研究方法上，一是采用文献研究法，系统梳理已有研究成果，解读有关国际组织、国家政府及研究机构报告、多边与双边条约以及历史性文献记录，深入了解专家学者的学术著述及最新探索，在整理归纳上述中外文资料基础上，总结出对本研究主题有益的内容，进行加工提炼再创作，得出创新性见解。二是采用理论分析法，将全球治理理论贯穿课题研究，尤其在北海海洋治理区域合作机制、特点、存在问题和发展趋势等方面批判性运用西方全球治理理论。三是采用综合研究法，运用国际法、历史学、海洋学等多学科综合研究的方法，进一步拓展学术思路和维度，夯实学理基础，深化研究方法创新。

四、研究思路、内容框架及创新点

围绕全球海洋治理"北海治理模式"的成功与不足，设计总体研究思路和内容框架。除绪论和结语以外，正文共分为七章。

第一章：全球海洋治理概述及理论来源。基于全球海洋治理的理论与实践紧密关联、相互促进的特点，阐释全球海洋治理的总体情况，厘清与研究主题相关联的全球主义、治理、全球治理等基本概念、理念和理论，铺陈背景知识和理论基础，为北海海洋治理论证设定宏观时空维度，为北海海洋治理在全球海洋治理中的方向定位提供支撑。

第二章：全球海洋治理北海区域实践概况与"北海治理模式"概念界定。关于北海海洋治理的历史背景和总体情况，北海周边国家间早期的机制化区域合作始于20世纪60年代，1962年成立北海水文委员会（NSHC），1969年为应对北海油污签署《波恩协定》（Bonn Agreement）。海洋污染防治和环境保护较早成为北海区域合作的重点领域。除环保合作外，北海海洋治理的重要领域还包括渔业、油气资源等传统领域，以及可再生能源、绿色发展等新兴领域。北海海洋治理的实践可以提炼上升为一种模式，使研究更具学理性，可成为后续研究的参照物和检验工具。

第三章：北海海洋治理区域合作主要机构和机制。通过深入挖掘北海海洋治理的主要机制和平台，尽可能获取北海海洋治理目标、规制、主体、客体等要素的全貌，为"北海治理模式"提供充分论据。北海区域合作多领域、综合性机制主要包括"欧盟战略创新计划"北海地区项目、欧洲周边海域会议（CPMR）北海委员会（NSC）等。北海区域合作领域性机制主要包括《波恩协定》、北海污染追查联合会（NSN）、北海会议（North Sea Conferences）、北海水文委员会（NSHC）、北海海上安全监督论坛（NSOAF）等。选取第一次北海会议和瓦登海合作的案例，分析挖掘北海治理机制发展的内外动因、目标设定和运行效果。

第四章：北海区域内外海洋政策的作用。其一，北海沿岸国海洋政策在北海海洋治理中起到风向标作用，往往可以向其他治理主体发出合作信号，引导合作方向，凝聚合作共识，挖掘合作潜力。其二，鉴于北海地区是欧洲的一个次区

域，北海周边国家多数为欧盟成员国等因素，欧盟作为北海
海洋治理区域合作机制的重要协调方和参与方，欧盟相关政
策会直接或间接影响到北海区域合作规则的制定和实施。比
如欧盟2014年通过的《海洋空间规划指令》，要求成员国开
展海洋空间规划和海岸带综合管理，由此统筹规划海洋产业
发展和生态环境保护，同时明确了相邻沿海国在开展规划时
有合作义务。其三，其他一些国际组织在北海海洋治理中也
发挥了重要作用，比如缔结了《保护东北大西洋海洋环境公
约》（OSPAR）。通过介绍《奥斯陆公约》委员会（以下简
称奥斯陆委员会）和《巴黎公约》委员会（以下简称巴黎委员
会）的发展及二者与北海部长级会议的关系，阐释北海的环境
保护是如何从1967年渔业公约的一个"简单段落"发展到当前
广泛的治理结构的。

第五章：北海海洋治理的主要特点。论述"北海治理模
式"核心内容。一是北海海洋治理体现了多层治理模式。政
府、商界、学界和民间共同参与，分类分级立项，并注重国际
合作。二是北海海洋治理视野开阔，不只聚焦于海洋本身，还
关注海洋对社会经济发展影响，运筹"海陆联动"。三是北海
海洋治理长于规划，前瞻性和战略性较强。

第六章：北海海洋治理面临的问题和挑战及发展趋势。"北
海治理模式"是基于一定时空范围的实践经验总结，除了成功
之处，也有不足。从北海周边地区整体发展看，工业生产和居
民活动对生态系统造成压力，带来环境问题。气候变化导致海
平面上升、海水酸化，威胁沿岸地区和海洋生态。不少地区对
石油、天然气依赖度较高，能源结构比较单一。加强海洋污染
防治和环境保护仍然是当务之急。与此同时，要关注北海海洋

治理的发展趋势。

第七章：北海治理模式对其他半闭海治理的启示。进一步考察和检验北海海洋治理这一区域化的治理模式，阐释其对其他半闭海治理的启示意义。

本研究的主要创新点在于将全球海洋治理这一相对宏观的理论与实践命题置于中观层面，选取特定区域进行考察研究，或者说是进行全球海洋治理在区域层面的专题研究，通过海洋治理、半闭海治理等共通概念和理念拓宽了区域海洋治理合作的视野。本研究对"北海治理模式"进行了学理概括，将之界定为：北海地区主权国家群体以及非国家行为体，在利益扩展过程中，寻求海洋治理共同认知和目标，并借助于相应的规范和行为准则作为框架，相互影响、相互作用的理念、机制、行动和效果。

第一章

全球海洋治理概述及理论来源

全球海洋治理属于全球治理范畴。全球海洋治理是全球治理的重要领域，是国际社会应对海洋领域已经影响或者将要影响全人类的全球性问题的集体行动。进入21世纪，海洋垃圾倾倒、海运溢油污染、海水酸化、过度捕捞、海上非传统安全威胁等全球性海洋危机，严重制约着人类社会可持续发展。区域性海洋问题也通过地缘政治、生态环境、国际贸易体系等系统要素向全球蔓延，扩展为直接影响全人类生存与发展的严重威胁。

在全球海洋治理中，各国具有越来越广泛的共同利益。近年来，以控制海洋为内核的海权论再度升温，加剧了涉海大国间的地缘政治竞争，国际社会集体行动不协调、海洋治理的国家意愿与政府能力不匹配等因素，都影响了全球海洋治理的成效。要化解全球海洋治理困境，推动国家之间在海洋事务领域构建平等互利、友好合作关系，维护人类与海洋和谐共生的关系，就必须确立以对话取代对抗、以双赢取代零和的新理念。[①]这样的新理念是开放的、继承性的，是基于海洋治理理论的守正创新的新理念。

全球海洋治理从根本上讲是基于国际规则和综合国力的"互动治理"。因此，我们研究全球海洋治理必定要把握全球治理的核心要义。而全球主义、治理等概念和理念则是全球治理理论产生的重要支撑。

---

① 马金星. 全球海洋治理视域下构建"海洋命运共同体"的意涵及路径［J］. 太平洋学报，2020，28（9）：1-15.

一、全球海洋治理概述

海洋约占据地球表面面积的71%。作为全球生命支持系统的重要组成部分，海洋与人类的生存和发展密切相关，是资源宝库和环境的重要调节器。据联合国统计，居住在距海岸100千米范围内的沿海地区的人口约占世界人口的60%，沿海地区的旅游业在相关产业中的占比也较高。狭长的沿海区域位于沿海国的领土和专属经济区之内，大约64%的沿海水域与公海相联通。海洋是最经济的天然运输通道，其费用不到铁路运输的一半。

海洋是一个巨大的聚宝盆，不仅有丰富的生物资源，而且有不计其数的海底油气和天然气水合物（可燃冰），以及种类丰富多样的矿藏资源。但由于技术的发展，原油和其他对环境有害的物质得到了大量开发，近海区域油气的勘探和开发也带来了大量的海上运输，造成了海洋污染。因此，需要国内法和国际法共同防止或至少减轻污染的危险，确保为污染受害者提供补偿，并修复环境。①

随着陆地资源日趋紧张，人类对海洋的认识日益加深，对海洋的系统研究和合作开发越来越迫切。这意味着海洋资源的开发和利用，将成为促进国家经济发展和社会进步的重要动

---

① 刘惠荣，孙彦. 海洋环境保护立法的国际比较［J］. 海洋开发与管理，2006（2）：71.

力。①海洋具有开放、流动和不可分割的天然特征，海洋的保护和可持续利用是典型的全球治理问题。

"二战"以来，在联合国的引领和协调下，通过各国的积极参与和相关国际组织的不懈努力，初步确立了全球海洋治理的框架体系。该体系以包括《联合国海洋法公约》（以下简称《公约》）在内的国际法为法律基础，以联合国专门机构和相关组织为管理机构，以各国、各利益攸关方为参与主体，围绕倾废管理、污染防治、国际海底区域、渔业资源、航行安全等问题作出了制度性安排。一方面，各沿海国家根据《公约》对其大陆架和专属经济区行使主权和管辖权。另一方面，各国政府、国际组织以及国与国、组织与组织之间积极协作，围绕海洋及其资源的养护和可持续利用开展了一系列务实的合作计划、项目和行动。

进入21世纪以来，随着经济全球化、贸易自由化、互联互通便利化的日益深入，世界各国之间的交流互动更为频繁，作为沟通和联系各国的桥梁和纽带，海洋在全球一体化中的地位更为凸显。海洋所担负的承载国际贸易、保障航行安全、支持科技创新、支撑经济可持续增长、提供生态服务等作用更加突出，海洋在人类社会实现可持续发展的道路上发挥着更为关键的作用。世界各国尤其是沿海国家在海洋资源等经济利益上的博弈和竞争更加激烈。全球性海洋环境问题更加突出，在人类活动和气候变化的双重影响下，全球海洋的健康和生产力受到持续、广泛的威胁。过度捕捞、富营养化、海洋污

---

① 葛红亮. 新兴国家参与全球海洋安全治理的贡献和不足［J］. 战略决策研究，2020（1）：48.

染、海洋空间利用等高强度的开发活动，引发海洋近岸海水水质下降、近海生物多样性降低、鱼类种群衰竭等一系列海洋环境退化现象；而气候及大气系统的变化又在全球范围导致不同程度的海平面上升、海水酸度升高、海水交换减弱和低氧等问题。2014年，联合国粮农组织的数据显示，全球29%的渔业资源被过度开发。联合国环境规划署2014年的统计表明，海岸红树林的采伐率比全球森林消亡的平均速度高3—5倍。一年约有800万吨废塑料流入大海，全球一半的珊瑚礁和1/3的海草都消失了。海洋脊椎动物的数量自1970年以来已减少了近一半，对区域经济、人类饮食和生活至为重要的某些鱼类造成的破坏更严重。据政府间气候变化专门委员会第五次评估报告预测，到2100年，海水pH将下降0.3—0.4，对海洋生物和生态系统造成严重而不可逆转的危害。[1]据联合国政府间气候变化专门委员会观察，气候变化引起的海水表面温度升高很有可能导致海洋鱼类向极地方向和更深层海水迁移，很有可能造成经济鱼类种群的分布变化，将对全球渔业生产作业的分布和管理产生巨大影响。全球海洋生物多样性热点——珊瑚礁生态系统正在经历严重的退化。海上工程建设、海洋污染、非法采挖、底拖网捕捞等人类活动改变了珊瑚生存的物理、化学环境，造成大量珊瑚死亡。而气候变化导致的海水温度上升、海水酸度升高和低氧进一步加剧了珊瑚的退化，导致了热带珊瑚的白化和冷水珊瑚的消亡。据全球珊瑚监测网络观测，自1998年以来，20%的珊瑚礁已经被严重破坏，剩余珊瑚礁的约35%也受到人类活动

---

[1] IPCC. Climate Change 2014: Synthesis Report. Contribution of Working Groups I, II and III to the Fifth Assessment Report of the Intergovernmental Panel on Climate Change [R]. Geneva: IPCC, 2014: 59.

的直接威胁。这些变化对全球海洋治理提出了新需求。

　　综合目前学术界相关研究和认识来看，全球海洋治理是一个复合概念。全球海洋治理的基本理论来源是治理理论与全球治理理论。全球海洋治理继承了治理理论的核心思想、基本精神和基本要求。全球海洋问题的广泛性和复杂性要求主权国家政府、国际政府间组织、国际非政府的民间组织等主体共同行动，并以相互平等、独立的身份参与到行动之中，通过各主体间的协商、谈判、互动与合作，形成解决全球海洋问题的最佳方案，并在自愿的基础上共同付诸实施。全球海洋治理以治理理论的多元、平等、合作三大核心思想作为其行为取向，既是治理理论在全球海洋领域中的扩展和深化，也是全球治理理论的具体化与实际应用。

　　全球海洋治理是一个由目标、规则、主体、客体等四要素构成的有机整体。全球海洋治理的根本目标是实现全球范围内的人海和谐，促进海洋的可持续开发和利用。[①]全球海洋治理的规制包括一系列规范各国涉海行为和维持正常国际海洋秩序的条约、公约、协议、宣言、原则、规范等正式的和非正式的规则体系，它是全球海洋治理的核心要素，对全球海洋治理的实施和取得实施效果起着至关重要的作用。全球海洋治理的主体是制定和实施上述规制的组织机构，主要包括主权国家政府、国际政府间组织、国际非政府的民间组织、全球公民社会组织、跨国企业和个人等。全球海洋治理的客体是治理的对象，主要包括发生频率高、持续时间长、影响范围广、人为因

---

　　① D. Pyć. Global Ocean Governance［J］. The International Journal on Marine Navigation and Safety of Sea Transportation, 2016, 10（1）: 159.

素多等为特征的需要国际社会共同加以应对的海洋安全、海洋环境、海洋资源开发与利用、全球气候变化、海洋突发事件等问题。

在全球海洋治理中，主权国家政府是核心主体。各国间的合作是实现全球海洋治理的基本途径。各国应通过磋商、谈判、合作以及建立伙伴关系等方式，共同应对各种海洋问题，实现多赢。在全球海洋治理进程中占主导地位的国际政府间组织，通过制定规则、设立议题、明确目标、规范行为等手段，推动各国为实现全球海洋治理目标而共同采取行动。

全球海洋治理的不同主体是相互补充的，不同主体之间存在着内在的必然联系，相互制约。在海洋安全、海洋环境、海洋资源开发与利用、全球气候变化、海洋突发事件等客体方面，各主体的作用也各不相同。一个主权国家及其人民具有高度的相关性和依存性。一个主权国家的意志可以影响人民的呼声；而民意又可以影响国际非政府组织的意愿，通过建议、游说、动员等手段，直接影响一个主权国家和一个国际政府组织的政策的制定；同时主权国家和国际政府组织还可以深入人民，增强人民的海洋意识和参与能力，改善海洋环境，保护海洋生物多样性。

从主权、安全和发展利益的角度来看，国际非政府组织在有关海洋环境、全球气候变化等问题上有较大影响力；主权国家和国际政府组织在有关海洋安全、海洋资源的开发与利用、应对海洋突发事件等问题上有较大影响力。

在全球海洋治理体系中，国际规制居于核心地位，对不同主体的行为效果产生深远影响。其作用主要体现在四个方面：第一，规范各方行为，明确各方权利、责任和义务；

第二，塑造行为主体的预期，激励各主体为之开展行动；第三，建构出一系列沟通、协调、合作机制，缓和主体间的争端和冲突；第四，提供解决问题的方法、路径，促进全球各种海洋问题的最终解决。①

全球海洋治理对象按照所处的层次，大致可以分为两类。第一类是制度内部的问题，即现有全球海洋治理制度本身存在的种种缺陷，包括国家地位不平等、国际规则不完善、国际组织未发挥应有的作用、发展中国家的利益和要求未得到充分体现、大国政治和强权政治依然存在等。这种类型的问题主要通过各国之间的政治谈判和协商来解决，解决的程度将对实现全球海洋治理目标具有深刻的决定性作用。第二类是系统外部性问题，即在海洋或由此产生的自然系统中发生的各种具体问题，主要包括海洋环境问题、海洋安全问题、海洋资源问题、海洋经济问题、全球气候问题、海洋突发事件应急管理等。这种类型的问题位于全球海洋治理的表面，是显而易见的、有知觉的，更具有技术性和操作性特征。治理这类问题主要依赖国家之间的联合行动，其治理效果将直接影响整个人类的利益和海洋的可持续发展。②

全球海洋治理是在全球化不断扩展和全球治理逐渐成熟的背景下产生的，全球海洋治理与全球治理有着相似的基本目标，全球海洋治理与全球治理在价值理念方面存在着一致性。全球海洋治理认同并遵循全球治理所倡导的多元主体共同

---

① 王琪，崔野. 将全球治理引入海洋领域——论全球海洋治理的基本问题与我国的应对策略 [J]. 太平洋学报，2015，23（6）：17，21-23.

② 崔野，王琪. 关于中国参与全球海洋治理若干问题的思考 [J]. 中国海洋大学学报（社会科学版），2018（1）：12-13.

行动、关注全人类共同利益、建立全球意识和全球情怀等价值理念，并以此为指导，开展全球海洋治理活动。全球海洋治理作为新兴的全球治理实践领域，不仅具有直接而重要的现实意义，也在不断完善全球治理的理论深度和实践广度。

总之，全球海洋治理是指在全球化背景下，各主权国家政府、国际政府间组织、国际非政府的民间组织、跨国企业、个人等主体，通过具有约束力的国际规制和广泛的协商合作来共同解决全球海洋问题，有效管理全球海洋事务，进而实现全球范围内的人海和谐以及海洋的可持续开发利用。全球海洋治理既是一种理论，体现为其对治理理论和全球治理理论的继承与扩展；也是一种实践，推进国家层面的海洋治理活动在国际层面的延伸。

《联合国海洋法公约》及其作出的权利、义务和制度安排为全球海洋治理奠定了法规基础。但在具体实践中，以《联合国海洋法公约》为主体的全球海洋治理体系仍然存在明显缺陷。一是在一些全球性治理的重要问题上存在治理缺位，治理体系不完整。二是已有国际规则得不到有效实施，重要承诺和治理目标得不到落实。三是以国际组织为主体开展的部门管理协调性缺失。四是重点治理领域还存在局限性，不能满足对海上风能、深海采矿等新兴产业的管理需求。

多年来，国际政治环境变化影响和干扰着全球海洋治理。以美国为代表的个别国家质疑全球治理规则，引发"逆全球化"危机。美国退出多个国际组织，不履行国际责任，退出《巴黎协定》等，拒绝履行温室气体减排等环境保护责任。

由于全球海洋治理的问题涉及环境、经济、安全等多个维度，治理规则的制定和实施涉及国家政府、地方管理者、行业活动主体和其他利益相关方等多元主体，加之治理系统的复杂性，因此，全球海洋治理需要多重复合博弈。由于缺乏信息、治理意愿和信任，多元治理主体往往呈现不合作和低水平无效合作状态，严重影响治理的供给水平和供给效率，亟须实现多元治理主体之间的有效沟通和合作。

当下，全球海洋治理处在一个变革和发展的时代，各国政府、相关国际组织和利益相关者围绕全球海洋治理的热点问题和新兴治理需求，探讨、拟定和冀图推动形成新的治理规则。然而，现有治理模式的信息分散、缺乏共识和合作意愿低下等问题，极大地限制了提升全球海洋治理供给水平的国际行动，对治理的改进和发展造成消极影响。

中国政府努力为完善全球海洋治理体系贡献"中国方案"，积极倡议构建蓝色伙伴关系，提高多元主体治理意愿，调动多渠道治理资源，促进治理行动协同增效，推动各国、各国际组织本着开放包容、务实合作、互利共赢的态度和诚意，共同应对全球海洋面临的挑战。①

---

① 朱璇，贾宇. 全球海洋治理背景下对蓝色伙伴关系的思考［J］. 太平洋学报，2019，27（1）：50-59.

二、全球海洋治理理论来源：
全球主义、治理和全球治理

（一）全球主义

"全球主义"的概念最早出现于美国，在第一次世界大战前的英语国家曾零星地使用。自第二次世界大战后期开始，这一概念得到广泛应用，并在20世纪70年代成为影响社会生活各个领域尤其是人文社会科学研究的最具时代标记意义的概念。

20世纪70年代之前，"全球主义"与美国的外交政策和全球战略的关系比较密切，当时曾被称为"以美国为中心的国家全球主义"；70年代后，"全球主义"的美国色彩逐渐淡化，从学理上探讨"全球主义"的文献层出不穷，但是，"全球主义"仍然是一个仁者见仁、智者见智的概念。

当人类进入全球化时代后，全球性问题更加凸显，因此，主体的全球性、地域的全球性、制度的全球性和价值的全球性不断强化。以人作为主体的全球性，从根本上改变了人们认识和处理社会生活及其公共事务的坐标，使得人与社会的关系上升到全人类的高度，人类作为一个类主体的存在毫无疑问必须面对人类的共同利益、共同要求和共同价值。

全球主义作为一种社会主张、行为规范、文化自觉，有别于国家主义的世界整体论和人类中心论。曼弗雷德·斯蒂格

（Manfred B. Steger）将全球主义的思想形态分为四种：市场全球主义，包括新自由意识形态；强调正义、权利、可持续性和多样性的正义全球主义；基于某种特定精神或政治危机的民粹主义唤醒式的宗教全球主义；"9·11事件"之后美国布什政府所倡导的带有新保守主义倾向的"帝国全球主义"。[①]由此可以看出，学者们将全球主义看作一种价值观念、意识形态，或者是一种新的全球相互依存状态，并从不同的向度表现出人类社会生活的某种整体性。但这些观点都没有明确全球主义的基本内涵和特征。

英国著名社会学家马丁·阿尔布劳（Martin Albrow）对全球主义进行了较为全面的论述。他指出，"只要是在人们将整个世界视为一个整体并承担起对世界的责任的地方，只要是人们信奉'将地球视为自己的环境或参照物'这样一种价值观念的地方，我们就可以谈到全球主义"，"这包括了所有以地球的条件和与地球条件相关的人类的安乐福祉为重点的价值观念"。显然，阿尔布劳的全球主义强调了世界的整体性、地球的整体性以及人类的中心地位。在他看来，全球化远非人类过去所追求的目标，而是人类过去自认为毫无疑问的现代生活组织方式的终结。从本质上说，全球主义就是对全球化与全球的一种价值提炼，代表了一种全球指向的新的价值观和伦理观念。

（二）治理

"治理"这一概念的产生最早可追溯到13世纪晚期，但它

---

① Manfred B. Steger. From Market Globalism to Imperial Globalism: Ideology and American Power after 9/11［J］. Globalizations, 2005, 2（1）: 31-46.

真正进入现代学术研究视域是在20世纪80年代末，主要由西方政治学者与管理学者提出。当时面对资本主义国家的福利国家危机以及发展中国家经济增长危机的现实情形，需要对传统的国家、政府角色进行重新定位和调整。治理理论由于在一定程度上适应了这种现实需要，吸引了众多研究者的关注。西方政治学者与管理学者主张以治理取代统治，他们认为，政府与市场在社会资源的配置中已同时失效了。因此，要以公共利益最大化和社会秩序可持续为目标，重点关注公共权力获得和运行以及相关主体的参与和互动过程。而治理则是为了解决政府失效和市场失效所提出的"第三条路径"。关于治理的定义，有多种表述，其中联合国全球治理委员会（Commission on Global Governance）的定义具有广泛的代表性和权威性。在《我们的全球伙伴关系》研究报告中，联合国全球治理委员会对治理做了如下定义：治理是各种公共或私人的个人和机构管理其共同事务的多种途径的总和。它是一个连续不断的过程，人们在这一过程中，以协调不同的或者相互冲突的利益为目标，并采取联合行动，包括有权迫使人们服从的正式制度和规则，以及人们同意或认为符合他们利益的各种非正式制度安排。治理是一个公共管理过程，包括公共权力、管理规则、治理机制和治理方式等要素。①

　　中文文献中的"治理"最早出现于《孔子家语·贤君》。宋君曾向孔子求教，说："……吾欲使官府治理。为之奈何？"在古代汉语中，"治理"基本与"治"同义，意为得

① 马海龙. 区域治理：一个概念性框架［J］. 理论月刊，2017（11）：74-75.

到统治或管理，颇有今天学界所谓"善治"的意思，如大禹治水、贞观之治。

"治理（governance）"一词的词根是"gubernare"，在拉丁语中，意思是操纵船舵，引申为管理公共事务。治理的概念引入中国后，翻译者发现，20世纪80年代以后西方学者所说的"government"和"governance"在汉语中并不存在差异，而"治理"这个词在中文文献中早有出现，其含义正是90年代以后西方学者重新发现的"governance"的含义。所以在汉语世界，治理的用法基本上没有什么变化。但是，伴随着西方译本的引入，"治理"又被赋予了新的内涵，它真正进入现代学术研究视野则是在20世纪80年代末，那时的治理研究是围绕国家、社会、市场的关系展开的。

20世纪中期以后，在西方经济政策中"凯恩斯主义"占据主导地位，其结果导致了严重的财政危机和效率低下的官僚机构，引发了西方社会的不满，并引发了经济、政治和社会领域的许多问题。与之相关的问题在20世纪80年代不断凸显，传统的行政管理方式已无能为力，政府系统也趋于失灵，由此引发了不少"公共管理危机"。在这种两难境地之下，西方国家开始推行公共管理改革，探索社会公共事务管理的新方法，"治理"的理念和范式也就逐渐被引入国家公共管理体系，并以此为基础建立起了"小政府、大社会"的社会治理结构，因而治理理论自20世纪80年代开始兴起。许多学者将"治理"作为一种学术工具，用来分析政府与社会、国家与市场、私人部门与公共部门之间的互动关系，并将其应用于国际关系研究。

"治理"作为一种全新的国际关系理念，也是相关国际组织推动的结果。1989年世界银行关于非洲的报告中，采用

"治理危机"来描述当时非洲的经济、政治、社会状况。在国际组织文本中,"治理"一词正式出现在描述性理论工具中,是1992年世界银行的年度报告以"治理与发展"为题。在有关人士的推动下,联合国于1992年成立了全球治理委员会,并出版了《全球治理》杂志,扩大了治理概念的适用范围。此后,治理问题相继出现在联合国有关机构的报告中,例如,1996年,联合国开发计划署(UNDP)发表了《人类可持续发展的治理、管理的发展和治理的分工》(*Governance for Sustainable Human Development, Management Development and Governance Division*)的报告。

"治理"作为一个流行概念和强势话语,自20世纪90年代开始影响国际社会并延续至今。近30年来,国内外学者推出了大量研究治理的成果,涉及经济学、政治学、社会学、法学、传播学、哲学、国际关系、公共政策与公共管理等诸多学科。由于学术视角和关注点不同,有关"治理"的起因、分类、特征、要义以及对其在实践中的成效与问题等方面的理解与阐释也不尽相同。蔡拓认为,在对"治理"的思考、理解、诠释和实践中,要坚持价值理性与工具理性的统一、规范诉求与实践诉求的统一、国内治理与国际治理的统一,才能更深刻、更完整地认识和把握全球化背景下的治理的全貌,特别是治理的整体性。[①]

(三)全球治理

全球治理是全球化的一个衍生概念,二者之间有着不可

---

① 蔡拓. 全球学与全球治理 [M]. 北京:北京大学出版社,2017:221-222.

分割的内在逻辑联系。经济全球化的发展反映了国际形势的发展特点，全球治理与经济全球化形影不离、相互依存，其内涵自然也随之演变。有关全球治理内涵的研究，始于20世纪90年代初，伴随着经济全球化的出现及其动态演变，这一研究虽然呈现出持续升温的趋势，但学者们对全球治理内涵的研究仍然莫衷一是。尽管如此，学者们对"全球治理"的要素认识是基本一致的，普遍认为全球治理的要素主要包括全球治理的价值、全球治理的规则、全球治理的主体和基本单位、全球治理的客体和结果四个方面。同时认为，在新经济全球化视域下，基于全球治理的各个要素，全球治理的具体内涵是指各国政府、国际组织、非政府组织等治理主体顺应经济全球化、多极化的世界趋势，通过协调、调节和管理影响人类和平与安全、繁荣与发展的全球事务，推动全球秩序向着更加公正、合理、互利、共赢的方向更替演变，维护全人类的共同利益。①

"全球治理"作为一个特定概念，可以理解为"治理"从国家层面扩展到全球层面。但在治理跨越国界进入国际体系后，情形就不一样了。对于处于无政府主义状态的国际社会来说，治理的主体包括主权国家、区域组织、国际机构、公共或私营部门等，犹如一个"分散性聚合的超大组织"，更需要"在无人掌管的情况下，也能把事情办好"。与此相对应，联合国全球治理委员会在1995年发表的《我们的全球伙伴关系》报告中指出，在不断协调冲突或不同利益的治理过程中，政治和经济活动越来越紧密地联系在一起，成为决

---

① 张承安，周彬. 实质、影响、策略：中美贸易摩擦与全球治理［J］.
长沙理工大学学报（社会科学版），2019，34（4）：46.

定国际体系性质和动力的关键因素。如同西方著名学者罗伯特·吉尔平（Robert Gilpin）所说，尽管我们可以将政治和经济视为当今时代的两股不同的力量，但它们的运作机制并非彼此独立。一方面，国家可以影响市场力量，进而决定自己的命运，因此，它可以、也正被用来获取财富；另一方面，市场本身也是影响政治效果的一个力量来源，因此，它成为获取和行使权力的手段。二者相互作用，影响国际关系中权力与财富的分配。据此，吉尔平提出了国际政治经济学领域的三个基本问题，即市场经济发展的政治–经济根源和作用、经济变化与政治变化之间的关系和国际市场经济对国内经济发展的重要性。①

目前，全球治理面临三大挑战。首要挑战是行为体问题，即坚持主权原则，还是提倡行为体多样化？伴随着经济要素在全球范围内的流动，最直接的后果是，参与全球经济的行为体趋向多元化。其中包括国家和国际组织，也包括非政府组织和跨国公司，以及独立的专业人员和私人安保公司。在不同的经济领域（如国际贸易、跨国投资、国际金融）以及在不同层次（如跨国、跨地区、全球）上活动的这些多样化行为体给全球治理带来了巨大的挑战，人们不得不思考：全球治理是否仍然坚持主权原则？如何在坚持主权原则的情况下避免陷入"免费搭车"或"以邻为壑"的困境？

全球治理面临的第二个挑战是规则问题，即是要遵循现有的治理规则，还是要重新制定规则？"二战"结束后建立的

---

① 孙景宇. 全球治理的困境与出路：《帝国主义论》的启示 [J]. 经济学家，2018（9）：24.

布雷顿森林体系遗留下来的治理规则，无论是在贸易和金融货币领域还是在直接投资领域，都体现了西方国家追求资本主义的理念，如私有化、自律性的市场经济和自由开放的国家与社会。这一理念曾一度凝聚于所谓的"华盛顿共识"之中，并被世界贸易组织、国际货币基金组织、世界银行等相关国际组织广泛接受，成为制定全球经济治理规则的基本理念。但是，一些发展中大国和其他新兴经济体加入全球市场，不仅其经济得到了快速发展，而且还挑战了长期以来被发达国家掌控、已存在的世界权力结构，即出现了所谓的权力转移现象。尤其是实力不断增强的新兴经济体，要求改变现有的权力结构以适应自身的经济发展的呼声高涨。这已在世界经济的各个领域有所体现。比如，在多哈回合，世界贸易组织成员就农产品、服务和知识产权问题展开的辩论，以及IMF重新分配投票权的要求。在这场争论中，发展中国家提出了许多以发展中国家发展为基础的新观念，如公平贸易、可持续发展、主权财富基金等新观念，并且要求全球经济治理融入这些新观念。所以，是遵循以西方发达国家的观念为基础的既有治理规则，还是在权力转移的情况下进行规则的重构？若要重组治理规则，应基于哪些理念？这些问题已经成为全球经济治理面临的主要挑战。

全球治理面临的第三个挑战是治理结构问题，也就是进行分层次分问题领域的分散治理，还是跨层次、跨职能的网络治理？由于以往全球治理的参与者主要是国家和以条约为基础的国际组织，因此全球治理的议题设置主要取决于国家力量的强弱。大国经常依赖其物质力量（如经济和财政资源）来制定标准条款，以确定其他国家是否有资格获得这些资源。由于参与全球治理的行为体多种多样，权力分散，全球治理的议题呈现出多元化和层次化的趋势，这表明不同行为体对议题的优先次序有不同的考虑。比如，各国根据公民社会和公民个人的认识，优先考虑增进社会经济福利的贸易、货币、投资、金融、能源等议题；而非政府组织则往往根据人权、环境、卫生等方面的公民社会和公民个人的看法，优先考虑与其公司有效运作一致的劳动力、技术、知识产权和市场准入等议题。

主题多样化、层次化的趋势，对全球治理中的议题设置提出了挑战。一些学者主张对分层问题领域实行"分而治之"的分片管理。这样的治理路径有利于每一个行为体都可以很容易地在某个问题领域找到自己的位置，并相互合作，形成某种国际机制。但是，这种"分而治之"的治理路径也有不利的一面，就是当问题领域之间存在着相互联系和依赖关系时，全球治理就难以实现。还有一些学者主张实施跨层次、跨职能的网络治理。这一治理途径的优点是能够把每一个行为体和其所关心的问题联系起来，一旦形成了某种国际机制，这些问题就最容易向参与的行为体所期望的方向发展，但缺点是这一网络化治理途径很容易因为"免费搭车"现象而陷入僵局。[①]

虽然全球治理尚没有统一的概念，但其本质特性可以归纳为五点：第一，主体的多元化，包括主权国家政府、政府间国际组织、非正式的社会组织、企业和个人等；第二，要形成具有约束力的国际机制；第三，价值取向应该是超越国家、种族等，聚焦于全人类的普世价值；第四，全球治理的客体应该是影响全人类的、很难依靠单个国家得以解决的跨国性

---

① 王正毅. 全球治理的政治逻辑及其挑战 [J]. 探索与争鸣，2020（3）：7—8.

问题；第五，倡导治理手段的多元化，倡导全方位的协商合作。①

蔡拓立足于全球治理的反思，在论述"全球治理的展望"时指出，要走向深度全球治理、走向有效全球治理、走向理性与和谐的全球治理，就是要在治理的规则、对象和目标上更关注跨国性、全球性和人类共同体的整体治理，在治理的主体与模式方面着力于主体多元、定位明确、尊重现实、提高实效的治理，在价值理性、制度理性和实践理性指导下的全球治理，是讲法治的，重公平正义、平等宽容的，不断增强人类共同体意识的全球治理。②

总而言之，全球治理是我们进入21世纪后所面临的最大难题之一，因此，全球治理不仅需要学术界的理论分析，更需要实践者的实际行动。这是实现全球治理的唯一途径。

本章小结

本章综合目前学术界相关研究成果，阐释了全球海洋治理的概念、内涵以及理论来源。

全球海洋治理是一个复合概念，其基本理论来源是治理

---

① 韩立新，冯思嘉. 南海区域性海洋生态环境治理机制研究——以全球海洋生态环境治理为视角［J］. 海南大学学报（人文社会科学版），2020，38（6）：19.

② 蔡拓. 全球学与全球治理［M］. 北京：北京大学出版社，2017：282-286.

理论与全球治理理论。全球海洋治理继承了治理理论的核心思想、基本精神和基本要求。全球海洋治理是一个由目标、规则、主体、客体四要素构成的有机整体。全球海洋治理根本目标是实现全球范围内的人海和谐，促进海洋的可持续开发和利用。全球海洋治理的规制包括一系列规范各国涉海行为和维持正常国际海洋秩序的条约、公约、协议、宣言、原则、规范等正式的和非正式的规则体系。全球海洋治理的主体包括主权国家政府、国际政府间组织、国际非政府的民间组织、全球公民社会组织、跨国企业和个人等，其中主权国家政府是核心主体，各国间的合作是实现全球海洋治理的基本途径。全球海洋治理的客体主要包括需要国际社会共同加以应对的海洋安全、海洋环境、海洋资源开发与利用、全球气候变化、海洋突发事件等问题。

全球海洋治理是在全球化不断扩展和全球治理逐渐成熟的背景下产生的，全球海洋治理与全球治理有着相似的基本目标，全球海洋治理与全球治理在价值理念方面存在着一致性。全球海洋治理认同并遵循全球治理所倡导的多元主体共同行动、关注全人类共同利益、建立全球意识和全球情怀等价值理念，并以此指导开展全球海洋治理活动。

全球主义、治理和全球治理等理论支撑着全球海洋治理理论，系统阐释并运用全球主义、治理、全球治理等理论，有利于从全球海洋治理视阈对"北海治理模式"进行总结概括、归纳提炼，也为深入阐述北海海洋治理提供了相关理论铺垫。

第二章

全球海洋治理北海区域实践概况与『北海治理模式』概念界定

北海海洋治理是全球海洋治理的重要组成部分，开展的时间早，影响广，成效大。北海海洋治理形成的"北海治理模式"是全球海洋治理在北海的区域性实践，需要在与全球海洋治理相关的理论指导下，对此"模式"内涵进行界定，研究分析"北海治理模式"的法理基础、早期实践、发展历程、运行机制、治理的重点领域等，从而进一步明晰北海海洋治理的核心要义，深化认识和借鉴"北海治理模式"。

一、全球海洋治理北海区域实践概况

全球海洋治理的概念近年来逐渐得到广泛推广，但相关的实践历史更久。北海海洋治理可以简要概括为各国政府、政府间国际组织、非政府组织和市场各方分享决策权限，以管理北海的活动并控制其影响。早在20世纪70年代，北海的海洋治理就成为一项跨国性的合作。北海地区最早签订的公约是保护海洋环境方面的公约。从时间上讲，第一项国际文书是1969年6月9日签订的《合作处理北海石油污染协定》（《波恩协定》）。1983年签订的一项新的协议取代了1969年的协定。该协议将合作范围扩大到其他有害物质，包括限制石油、有毒液体物质、包装货物、船舶污水和垃圾排放等。该协议于1989年生效。虽然此协议仅限于北海，但还有两项公约远远超出它的范围，涵盖整个东北大西洋区域，这就是1972年2月15日签订的《防止船舶和飞机倾倒造成海洋污染公约》（也称《奥斯陆公约》）和1974年7月4日签订的《防止陆源海洋污染公约》

（又称《巴黎公约》）。《奥斯陆公约》和《巴黎公约》的订立是北海海洋治理发展进程中的关键事件。这两项公约相辅相成，《巴黎公约》侧重于针对陆地来源的污染，而《奥斯陆公约》侧重于针对倾倒做法。此外，欧洲共同体于1970年制定了其渔业管理的第一项规则，而共同渔业政策于1983年制定，是北海鱼类种群管理的核心。一系列北海部长级会议在1984—2006年期间召开，以显示处理海洋污染的政治意愿。北海海洋治理发展过程中的主要变化之一是欧盟作为关键参与者的出现。北海海洋治理内涵随之进一步扩展，为呼应欧盟的相关政策而增加了一些新的海洋问题领域，例如，航运、海洋性质和海洋空间的可持续经济利用等。

（一）北海海洋治理早期实践

北海地区早在20世纪中叶即开展海洋治理活动，不断积累实践经验。北海周边国家为有效管理北海海洋事务，解决共同面临的海洋问题，成立了一些政府间国际组织和多边机制，较有代表性的区域合作领域为水文事务和海洋污染防治，相关的北海治理区域组织主要有北海水文委员会（NSHC）和《波恩协定》组织。

1. 北海水文委员会（NSHC）

水文勘测等水文事务可以说是海洋相关事务和海洋治理的基石，发挥着基础性、先导性作用。水文事务合作成为北海海洋治理早期雏形的代表，符合科学发展和人类客观认知的规律，具有历史逻辑性和合理性。

北海水文委员会（NSHC）是国际水文组织（IHO）的分支机构，致力于在北海地区国家之间促进水文测量、海洋制图和航海信息领域的技术合作。1962年1月10日，在丹麦、联邦德国、荷兰、挪威、瑞典和英国的倡议下，该组织在荷兰海牙成立，荷兰主办了第一次成员国会议。在此之后，法国、比利时、冰岛以及爱尔兰相继加入。该委员会的早期活动包括就渔业图表发布和在领海外进行勘查的必要性等达成协议。[①]

就组织的基本目标和原则而言，该委员会立足北海，促进水文学及有关知识和科学的发展，鼓励其成员之间进行密切合作，利用现有资源获得对国际航运有利的最大成果。成员在不影响各自水文领域内部事务或减少其国家职责的情况下进行合作，交流有关调查研究、新进展和技术细节、水文学相关组织事务等方面的信息。成员在可行且可能的范围内，在不妨碍其国家水文事务的前提下，自由选择积极参加，或以顾问身份、协助方式参与需要共同行动的水文项目。[②]

2.《波恩协定》

如果说早期北海海洋治理中的水文合作更多表现为前瞻性的基础工程，那么，海洋污染防治则主要体现出应对挑战、解决问题式的传统治理逻辑，其以问题导向的机理同样较早成形于北海海洋治理实践，这一领域的主要机制即为《波恩协定》。

《波恩协定》是北海地区国家政府及欧盟应对石油和其他有害物质污染北海问题的一项合作机制。该协定的签署国包括比利时王国、丹麦王国、法兰西共和国、联邦德国、爱尔兰共和国、荷兰王国、挪威王国、瑞典王国、大不列颠及北爱尔

[①] https://iho.int.

[②] Statutes of the North Sea Hydrographic Commission.

兰联合王国和欧洲共同体。西班牙在2019年的一次部长级会议上受到《波恩协定》缔约方的欢迎。①

《波恩协定》是各国政府为应对污染事件而最早建立的区域协定。1967年，油轮"托雷峡谷（Torrey Canyon）"号在康沃尔（Cornwall）附近海域沉没，造成11.7万吨石油泄漏，这是第一次影响西欧的重大污染灾难。1969年，北海八个沿岸国（比利时、丹麦、联邦德国、法国、荷兰、挪威、瑞典和英国）签署了第一份《合作处理石油污染北海的协定》。但是，《波恩协定》直到20世纪70年代后期另外两个重大的污染事件（1977年的埃科菲斯克（Ekofisk）油田爆炸事故和1978年的"阿莫科·卡迪斯（Amoco Cadiz）"号事故）发生后才生效。

《波恩协定》缔约方的义务主要有：持续监控各自责任区内海洋污染威胁情况，协调空中和卫星监视；互相预警此类威胁；采用统一的可以相互依靠的行动方式，以达到预防和清理工作的必要标准；在响应行动中相互支持；分享研发成果；进行联合演习。

对各国而言，履行《波恩协定》的最根本义务是将本国处理海上意外污染的组织以及避免这种污染的新方法告知其他国家。缔约各方也有义务就所处理的重大污染事件相互告知。《波恩协定》会议为政府代表提供了交流第一手资料的有益机会，这些资料信息包括应对技巧和战略，以及遇到的任何可由协定进一步解决的问题。

对于北海发生的"可能对任何其他缔约方的海岸或其他

---

① https://www.bonnagreement.org.

有关利益构成严重威胁"的石油或其他有害物质污染或人员
伤亡的情况，缔约方必须相互通报。现已采用标准通知格式
（POLREP）来报告污染事件。

《波恩协定》规定了缔约方之间的相互协助。面临污染事
故的国家可以请求其他缔约方的协助。作为一般规则，由于一
个缔约方的请求而采取的任何行动的费用，应由请求国补偿给
援助国。

（二）北海海洋治理的重点领域

就海洋治理而言，直到20世纪60年代，人们的注意力主
要集中在渔业资源的管理和防止船舶造成的石油污染方面。大
多数关于保护海洋的国际协定可以直接与航运事故或严重的渔
业问题联系在一起。虽然第一个国际石油污染预防公约的倡议
始于1926年的美国，但直到1954年5月12日才商定第一个防止
石油污染海洋的国际公约。

1967年6月1口订立的《北大西洋捕鱼作业公约》首次提
到在东北大西洋倾倒有毒物质的问题。该公约附件五第四条禁
止任何渔船"在海上倾倒任何可能干扰捕鱼、妨碍或损害鱼
类、渔具或渔船的物品或物质，但不可抗力除外"。这就成为
保护北海、东北大西洋和其他一些海域的基础。

从全球海洋治理的视角看，"北海治理模式"既有"防治
保护"的一面，又有"资源利用"的一面。总体上，北海海洋
治理的重点领域主要体现在两个方面：一是海洋污染防治和环
境保护，二是可再生能源开发利用。

1. 海洋污染防治和环境保护

海洋污染防治和环境保护较早成为北海海洋治理的重点

领域，北海周边国家在海洋环保和污染防治方面已进行了几十年的治理实践。几十年来，通过国际协议、区域合作、国家举措、船员教育培训等方式，北海环境保护架构得到长足发展。①

伴随着沿海工业和海洋事业的发展，通过各种途径进入海洋环境的污染物越来越多，导致世界沿海各国近海污染日趋严重。有一些海域，海洋的自净能力丧失，赤潮发生频繁，溶解氧急剧下降，鱼类和贝类大量死亡，斑疹伤寒立克次体、肝炎病原体、大肠杆菌等病原体大量繁殖，不仅破坏渔业和海洋生物资源，而且严重危害人类健康。预防海洋环境进一步污染，恢复受到破坏的海洋生态平衡，已成为各国政府的当务之急。

回溯到20世纪20年代，海洋污染问题引起了各国政府的关注。第二次世界大战后，随着海上运输的快速发展，船舶造成的海上石油污染日益严重，于是1954年《防止海洋石油污染国际公约》（OILPOL）得以制定。该公约决定在沿海地区建立50海里宽的禁区，禁止油轮排放油或油性混合物，要求各国在港口配备接收废油和油性混合物的设备。作为保护海洋环境的第一个多边条约，该公约标志着人类在预防海洋石油污染方面迈出决定性的第一步。与此同时，我们也可以看到，关于海洋环境保护，仅靠各国单边努力是不够的，还需要世界各国共同努力，需要有一个有效的国际法律制度加以保障。

针对北海的油污问题，北海周边国家于1969年签订了《波恩协定》；于1972年签署了《奥斯陆公约》，以保护北海

① Angela Carpenter. Oil Pollution in the North Sea: the Impact of Governance Measures on Oil Pollution over Several Decades［J］. Hydrobiologia, 2019, 845（1）: 109.

海洋环境。1972年，在瑞典首都斯德哥尔摩召开的联合国人类环境会议上通过了《人类环境宣言》，呼吁各国尽最大努力防止海洋污染，停止过度排放有毒物质，防止对生态系统造成严重危害。这次大会标志着人类对全球环境污染问题全面宣战。从那时起，各国开始在海洋环境保护方面开展广泛的合作，并就各种污染源的控制签订了一系列国际条约，有力地推动了国际海洋环境保护法律体系的发展与完善。

1972年的《防止倾倒废物及其他物质污染海洋的公约》（简称《海洋倾废公约》或《伦敦倾废公约》），确立了海上倾废的法律制度：禁止将含有剧毒物质的废料倾倒入海，只有得到有关当局的许可，才能倾倒含有其他物质的废料。这个公约结束了海上倾废无章可循、放任不管的局面，为控制海上倾废对环境的污染作出了贡献。1973年的《防止船舶造成污染国际公约》（简称《防污公约》），其适用范围已由单一油类扩大至船舶排放的各种有毒有害物质，包括油、散装有毒液体物质、包装危险物质、船舶生活污水、船舶垃圾等。此公约在特别保护区的相关规定、船舶防污装置的要求、排放标准和条件等方面均较1954年的《防止海洋石油污染国际公约》有了较大的改进。

1982年4月30日，经过近十年的讨论，第三届联合国海洋法会议通过了《联合国海洋法公约》，对海洋环境保护的法律制度进行了系统的规定，这是国际海洋环境法发展的一个重要里程碑，标志着国际海洋环境保护法律制度进入了一个崭新的发展阶段。领水、专属经济区和大陆架由其所属国家独立管辖，而那些超出国家管辖范围的区域则需要国际社会的合作，洋流通过不同国家时，还需要有关国家进行合作管理。同样，跨国污染问题也需要有关国家共同治理。

近年来，海洋环境保护出现了一些新的原则。其中包括可持续发展、防范原则、生物多样性保护、生态系统综合管理模式等。《联合国海洋法公约》没有涉及这些原则，但某些条款仍为海洋环境保护的发展提供了可能性，例如第一九四条3（a）规定，有毒、有害或有碍健康的物质，特别是持久不变的物质，不可从陆上、大气中或通过大气排放，或通过倾倒排放，这与《关于持久性有机污染物的斯德哥尔摩公约》的实施有关。

在海上油污预防、监测与处置方面，北海地区为全球范围制定相应规则起到推动作用，其自身则经历了问题出现、加重乃至发生危机的过程，由此带来对问题严重性认识的提高和应对措施的完善。

自20世纪初以来，海上石油污染不断造成海鸟的污染和死亡。污染来源于油轮事故、码头和海上装载设施的溢漏以及油井和其他生产设施的井喷。例如，荷兰水域的第一次石油污染报告是1915年初发表的，当时有鸟类在荷兰大陆沿岸被冲上岸。在第一次世界大战之前，也有类似的报道称鸟类在英国海岸被冲上岸。在20世纪20年代、30年代和40年代的不同时期，仍有大量被染上油污的海鸟在荷兰海岸被冲上岸，这表明近海有石油泄漏。这种趋势在20世纪一直持续着，有证据表明，20世纪50—70年代的每个冬季，在荷兰海岸上会有大量被沾上油污的海鸟冲上岸，这就证明存在慢性石油污染的迹象。这种迹象在20世纪80年代和90年代逐渐减少。

1954年的《防止海洋石油污染国际公约》是制定船舶油类操作排放标准的第一项措施，1962年和1969年进行了修订，随后在特定区域内实施了更严格的限制。①20世纪60年代后期，人们日益意识到石油污染对海洋环境的影响，因此采取了更严格的措施，以减少或消除北海地区航运和近海石油工业的污染。特别是1967年2月，"托雷峡谷"号油轮撞在锡利群岛（Isles of Scilly）和兰兹角（Land's End）之间的七石礁（Seven Stones Reef）上，随后11.9万吨原油泄漏，引发了人们对如何防止再次发生此类事故，或者此类事故发生后如何最大程度地减少其影响，以及再次发生泄漏时如何提供赔偿等问题的关注。"托雷峡谷"号事件还带来了两条国际措施，即1969年的《国际油污损害民事责任公约》和1973年的《防止船舶造成污染国际公约》。后来《防污公约》根据1978年与其相关的议定书进行了修改。在国际层面，国际海事组织（IMO）作为联合国的一个专门机构，负责制定国际运输安全、保安和环境绩效的全球标准。国际海事组织仅在海洋污染领域就通过了25个公约，包括上述《防污公约》。

1969年的《波恩协定》旨在确保石油污染事件发生时帮助保护北海地区的海洋环境。几十年来，《波恩协定》在该地区的污染监测中发挥了重要作用。该协议的缔约方通过邻国开展协调行动，在国家和地区范围内进行了一系列空中监视飞行，包括监测石油和天然气设施的飞行。航班在白天和黑夜使用一系列不同的传感器进行飞行。此外，通过欧洲海事安全局（EMSA）的"清洁海洋网络"计划（Clean Sea Net）进行卫星监视。十多年来，通过使用合成孔径雷达（SAR）卫星提供潜在泄漏的近实时雷达图像，补充了国家空中监视活动，并

---

① https://www.i-law.com/ilaw/doc/view.htm?id=131747.

能够在大约30分钟内将潜在的泄漏报告给沿海国家。①

自20世纪60年代以来，北海一直是欧洲近海油气生产工业的所在地，其石油设施通常位于英国东北部和挪威西南部之间，而北海南部的天然气设施则位于英国与荷兰之间。截至2017年3月，东北大西洋海域共有1350多个海上设施投入运营，其中大多数是丹麦、德国、爱尔兰、荷兰、挪威、西班牙和英国海域的海底设施和固定钢设施，而不是石油生产装置。

来自石油和天然气平台的污染可能有多种来源，包括意外溢出和作业排放。意外泄漏很少见，而且通常泄漏量相对较少。例如，2003年，虽然总共发生了640起意外泄漏，但绝大多数（621起）的泄漏量少于1吨，而只有19起的泄漏量超过1吨。2012年，发生了421起泄漏事故（411起泄漏量少于1吨，10起泄漏超过1吨）。大多数此类溢油事故发生在英国和挪威的水域中，这些国家的大部分石油设施都位于北海地区。

总体而言，近年来，石油设施的运营排放已得到显著改善。挪威石油和天然气协会表示，自1987年以来，对环境有害的化学物质的排放量已下降了99.5%，但是进一步减少产出水（PW）中的油类和自然产生的环境毒素的排放量仍然是一个挑战，该协会并强调指出，需要继续进行监测和改善管理策略。

2. 可再生能源利用

利用海上可再生能源（ORE）是创新的、有前途的，处于各种关注和利益的交汇点，提供了潜在的就业机会。但它处于复杂而微妙的环境中，受到技术和环境的影响，因此仍

———————
① http://www.emsa.europa.eu/csn-menu.html.

然存在很大的不确定性。尽管如此，如果将它们纳入国家的能源结构，无疑可以为推进碳减排目标和可再生能源目标作出贡献。

离岸风能是海上可再生能源的最成熟形式，它随着项目进一步向离岸发展，并且由于成本的显著降低和技术进步（如能够输出8兆瓦功率的维斯塔斯风力涡轮机）而可能向更深的水域发展，其发展速度惊人。北海地区海上风电总产量已超过14吉瓦，在装机容量和计划容量上全球领跑。英国是最大的生产国（超过5吉瓦），其次是德国和丹麦。尽管可再生海洋能源和海上风能处于不同的发展阶段，但鉴于资源的属性及其局部性，这些形式的能源可能会大致面临相同的法律和政策挑战。

多年来，国际上一直积极地研究波浪能和潮汐能，而对海洋热转化和盐度梯度的研究仍处于早期阶段。鉴于对清洁能源的迫切需求和这些资源的巨大潜力，欧洲国家对海洋可再生能源的兴趣日益增长。潮汐较波浪而言可预测性更高，类似于淹没式风力涡轮机的潮汐流或电流装置能够挖掘潮汐流中的动能，这是最先进的可再生海洋能源发电形式。目前，法国和英国是潮汐能装机容量最高的欧洲国家。

北海地区地理条件独特，具有巨大的可再生能源潜力。随着化石燃料资源的枯竭和资源利用转向可再生能源，北海地区可以利用其自然、技术和技能资源，探索大规模的风能、波浪和潮汐能项目。由于可再生能源技术的成本仍然很高，因此采用联合的办法，可能是促进可再生能源技术发展和增强竞争力的关键。①

欧洲能源政策的出发点是应对气候变化，限制欧盟外部对进口碳氢化合物的脆弱性，并促进经济增长和就业，从而为消费者提供安全和负担得起的能源。为了使之成为现实，欧盟致力于"20-20-20"倡议，为所有成员国设定了雄心勃勃的目标：在2020年前将温室气体排放减少20%，将可再生能源在能源消费中的份额提高到20%，并将能源效率提高20%。在具体实施时，欧盟需要充分利用其海洋的潜力来发电，迅速发展其运输系统，并在欧洲能源市场互联方面取得真正进展。目前，欧盟国家已经商定了一个新的可再生能源目标，即到2030年，欧盟的最终可再生能源消费至少占欧盟最终能源消费的27%。这一目标是欧盟2030年能源和气候目标的一部分。北海地区的可再生能源将在实现这些目标方面发挥重要作用。在欧盟的《2020年及其后能源基础设施优先事项》通报文件中，欧盟充分认可北海的能源生产能力，并建议北海与北欧和中欧连接的海上电网成为欧洲电网的优先走廊之一。为此，成员国选择了一种区域路径，并制定了旨在协调北海近海风力和基础设施发展的协定。2016年1—6月，在荷兰担任欧盟轮值主席国期间，签署了北海周边国家能源合作政治宣言。②

作为"跨界决策的跨领域问题"，能源不仅包括不同的政策问题，而且还与全球治理的不同问题领域（如安全、环

---

① Jesper Raakjaer, Judith van Leeuwen, Jan van Tatenhove, et al. Ecosystem-based Marine Management in European Regional Seas Calls for Nested Governance Structures and Coordination—A Policy Brief［J］. Marine Policy, 2014, 50: 379.

② https://ec.europa.eu/commission/presscorner/detail/en/IP_16_2029.

境、贸易、发展合作）相互作用。这意味着"针对其他目标的决策通常会以一种不协调且不完整的方式塑造能源"。此外，能源的特征不是"一个统一的原则、规则、规范和决策过程框架"或"形式意义上的单一制度"。在全球范围内，没有一个"特定部门全面处理能源治理各个方面"的国际文书或体制框架，就海上可再生能源而言亦是如此。由于海上可再生能源的监管分散于国际和国家法律各个领域以及过多的制度安排之中，可能代表决策权的多中心，进而可能带来多中心、多层次的治理体系，有关问题的领域可能相互重叠。

　　如前所述，海上可再生能源治理的目标处于几个政策领域和议程的交集上，这些领域本身具有相当复杂的治理架构，因此，这些政策领域之间的任何政策联系都相应地称为治理联系。作为一种能源形式，海上可再生能源首先是全球能源治理（GEG）体系结构的一部分。作为一项海洋活动，它被海洋总体制度所涵盖。鉴于其有潜力实现由政府间组织（例如联合国）制定的多种缓解气候变化的目标，海上可再生能源治理与全球气候变化治理紧密地交织在一起。

　　治理任何形式的能源都需要公共和私人行为者之间的合作。一方面，公共决策者通过监管措施和纠正市场失灵的尝试来约束私营能源生产商，激励他们开发或部署新技术；另一方面，作为主要能源生产者和消费者的私营公司是新技术开发的关键参与者。此外，不能忽视私人行为者的专业知识、监督和实施能力。非政府组织和社会运动也与能源治理息息相关，因为会影响其所倡导的价值观，例如社会经济发展、社会正义和生态可持续性。

　　因为北海风势很大，水也很浅，从20世纪90年代开始，北海周边国家，尤其是德国和丹麦，在海岸建设风力发电站。北海是世界上第一个大型海上风力发电站的所在地，该发电站于2002年建成。自那时起，北海地区建造了许多风电场。截至2013年，630兆瓦的伦敦阵列是世界上最大的海上风电场，504兆瓦大加巴德风电场位居第二，之后是367兆瓦的沃尔尼风电场。它们都位于英国海岸。然而，这几个项目将远远比不上后续建设中的风电场，包括4800兆瓦的多格海沙洲风电场、诺福克海沙洲风电场（7200兆瓦）和爱尔兰海风电场（4200兆瓦）。截至2013年6月，欧洲的海上风电装机容量已达6040兆瓦。2013年上半年，英国安装了513.5兆瓦海上风电。

尽管船舶碰撞事故及其对海洋生态和野生生物（如鱼类和候鸟）的环境影响，对海上风电场的扩大产生了一些阻力[1]，然而2006年丹麦发布的长期研究报告以及2009年英国政府的研究报告，认为这些问题的影响可以忽略不计。另外，不少人还担心其可靠性，以及建造和维护海上风力发电站的费用不断增加。尽管如此，北海周边国家仍在继续开发风力资源，计划在德国、荷兰和英国的沿海地区增加风力发电厂，还提议在北海建立跨国电网以连接新的海上风电基地。潮汐能发电目前还处于商业开发阶段。在奥克尼群岛中梅恩兰岛的比利亚克鲁（Billia Croo），欧洲海洋能源中心安装了波浪能测试系统，附近的埃代（Eday）岛也安装了潮汐发电测试站。Wave Dragon能量转换器的样机从2003年开始在丹麦北部

---

[1] Glen Wright. Marine Governance in an Industrialised Ocean: A Case Study of the Emerging Marine Renewable Energy Industry [J]. Marine Policy, 2015, 52: 81-82.

的Nissum Bredning峡湾投入使用。

关于海上电网建设，欧盟第二次战略能源审查的六项优先基础设施行动包括制订北海近海电网互联规划，将西北欧的国家电网连接起来，并引入众多计划中的海上风电项目。它应与地中海环线和波罗的海互联项目一起，成为未来欧洲超级电网的一个组成部分，由成员国和相关区域行为者开发，必要时由共同体层面的行动来推动。

欧盟委员会认为，可再生能源的发展是欧盟本土能源的最大潜在来源。在其关于海上风能的通报文件中，欧盟强调欧洲能源政策与综合海事政策（IMP）之间的协同作用。根据欧盟的说法，两者都旨在将经济发展与环境保护结合起来。缺乏综合战略规划和跨界协调，是需要特别注意的重要问题。欧盟委员会指出："海上缺乏电网接入点，导致连接电网的能力或成本不确定，并给海上项目带来额外风险。"离岸项目与跨境互联互通之间的长期协同作用目前尚未得到利用。造成这种情况的一个原因是，由于需要处理不同的规划和管理制度，跨境合作带来了额外的复杂性。更好地开展跨境合作的必要性不仅限于网络规划和发展，而且还涉及系统运作和管理。海上风电渗透的增加可能会产生一些后果，需要反映在电力拥堵管理战略和发电与需求平衡计划中，以及改进的跨境贸易和平衡电力市场的机制中。①在此情况下，将区域化作为组织原则，应以区域化作为政府行为者之间的合作加以支持。为了在区域层面组织海上电网，需要在几个方面进行跨境协调。

———————

① João Gorenstein Dedecca, Sara Lumbreras, Andrés Ramos, et al. Expansion Planning of the North Sea Offshore Grid: Simulation of Integrated Governance Constraints［J］. Energy Economics, 2018, 72: 377.

对于欧盟来说，获得进展的路径之一是采取"更具战略性、更协调的方法来处理离岸开发"。在这种方法中，欧盟或区域一级的一系列规划工具和论坛可以发挥作用，例如制订国家行动计划，在新的欧洲输电系统运营商网络内开展区域合作，转向综合海洋空间规划并制定最佳做法。

（三）全球海洋治理北海区域实践的规制基础——《联合国海洋法公约》

在全球海洋治理北海区域实践中，《联合国海洋法公约》（以下简称《公约》）是主要法律依据和规制基础，具有重要的基础性作用。《公约》于1982年12月10日获得通过，确立了国际海洋秩序，共包括17部分320条，每一部分都涉及海洋的一个方面。其中较能体现合作与治理理念的是关于海洋污染防治的内容，而该问题主要载于《公约》第十二部分。可以说，在保护海洋环境方面，《联合国海洋法公约》第十二部分具有开创性意义。这一部分包括：海洋保护的一般性规定，全球和区域合作，技术援助，预防、减少和控制海洋环境污染的国际规则和国内立法，实施和保障措施；责任，等等。其中主要条款有：第一九二条，各国有义务保护和保全海洋环境；第一九三条，各国有权利用其自然资源；第一九四条，国家有义务防止、减少和控制海洋环境污染；第一九五条，国家有义务不转移损害或危险，也不将一种污染转化为另一种污染。[①]

保护和保全海洋环境的法律制度在《公约》中占有相

---

① 李擎. 论海洋污染的国际法规制［J］. 中国环境管理干部学院学报，2014，24（6）：14.

当重要的地位，除了对第十二部分"保护和保全"做集中规定外，还涉及领海、海峡、专属经济区和国际海底区域等部分。①该公约确定了海洋环境保护的一些重要原则，例如各国有权根据自己的环境政策开发自然资源，同时有义务保护和维护海洋环境；各国应采取一切必要措施，处理海洋环境的各种污染源，以确保在其管辖或控制下开展的活动不会给他国及其环境造成任何污染损害，并确保不会因其管辖范围内的事件或活动而造成污染，也不会使污染损害从一个海区转移到另一个海区，或将一种污染变成另一种污染。《公约》还要求各国采取必要措施，防止、减轻和控制因技术在其管辖或控制范围内的使用而对海洋环境造成的污染，或因引进外来物种或新物种而对海洋环境产生可能严重和有害的变化。《公约》呼请各国广泛开展全球和区域合作，制订并推动各种应急计划，制定适当的科学指导方针，并制定方法和程序，以预防、减轻和控制海洋环境污染。该公约吸收了海洋环境保护国际合作的全部成果，在许多方面取得了重大进展，特别是在海洋污染的管辖权方面。

对海洋污染的管辖权是制定和实施相关法律法规的权利，而这一权利在很大程度上取决于污染发生地点的法律地位。海洋污染管辖权是海洋环境保护法律制度的核心问题，也是国际上长期存在的关于海洋污染问题的争论与争斗焦点。《公约》在这方面确定了较为复杂的制度。

《公约》规定，来自陆源的海洋污染由有关沿海国家负

①　Lisa M. Campbell, Noella J. Gray, Luke Fairbanks, et al. Global Oceans Governance: New and Emerging Issues. Annual Review of Environment and Resources, 2016, 41（1）: 519.

责处理。沿岸国应根据国际规则、标准、方法和程序，制定必要的法律法规，采取各种措施，尽量减少有毒有害物质，特别是持久性稳定物质进入海洋，以防止、减轻和控制对陆地来源的污染。同在一个海域内的各沿岸国应在适当的区域考虑到该海区的特点、发展中沿海国的经济能力和经济发展的需要，协调其海洋环境保护政策。①

国家管辖的海底区域的勘探和开发造成的污染，与陆源污染一样，都由有关沿海国家管辖。在国际海底区域进行的活动所造成的污染应受国际海底管理局和船旗国的双重管辖。

来自大气层的污染，本意是指污染物通过燃烧、挥发、风吹等途径进入空气，并通过空气传播，沉降到海洋中或随降水进入海洋，从而对海洋环境造成污染，而本公约相关条款主要是指船舶和飞机造成的污染，此类污染应受沿海国和旗籍国的双重管辖。

关于海上倾废活动的管辖权问题则比较复杂。按照该公约的规定，在领海、专属经济区或大陆架上进行的倾废活动，应由沿海国管辖；在国家管辖范围外倾废的船舶和飞机，应由旗籍国管辖；在港口国管辖装载废弃物的活动。

关于对海洋污染的管辖权，最复杂的是对船舶的管辖权。该公约引入了基于沿海国管辖权的港口国管辖权这一新概念，对传统的船旗国管辖权产生了强烈冲击。

依照该公约的规定，沿海国可以制定法律法规，以防止外国船只污染其领海和专属经济区，但有关专属经济区的法律法规必须符合公认的国际规则和标准。

---

① United Nations Convention on the Law of the Sea, 1982.

海洋沿岸国对违章的外国船舶行使强制执行权，与该船所在地区的法律地位和违章发生地点有密切关系。沿海国可对自愿在沿海国港口内并在其领海和专属经济区内发生任何违规行为的外国船舶适用司法程序。如果外国船舶在沿海国领海内航行，并且在领海内发生了任何违规行为，沿海国可对该船进行实际检查，如果证据充分，可对其采取包括拘留在内的司法程序。对在沿海国专属经济区或领海内航行并在专属经济区内发生违法行为的外国船舶，沿海国只可要求该船舶提供有关其识别标志、登记港口、上次停泊和下次停泊的港口以及其他情报。

该公约在很大程度上保留了船旗国的管辖权，要求各国确保悬挂其国旗的船舶遵守关于防止海洋污染的国际规则、标准和根据该公约制定的法律规章。如果违反了上述规则、标准和法律规章，则该船舶的旗籍国应立即进行调查，并酌情启动司法程序，而不论这种行为在哪里发生或被发现。

因为船旗国对其本国船舶管理的效力存在疑虑，而港口国在确保船舶遵守上述规则、标准和法律条例方面发挥了重要作用，而且比船旗国更易于进行取证、启动司法程序，因此，港口国管辖权对海洋环境保护具有重要意义。《公约》规定，当外国船舶自愿在一国港口停靠时，港口国可以调查该船在其管辖范围以外发生的任何违规事件，并在证据充分的情况下启动司法程序。但是，对在另一国管辖范围内发生的违规行为，港口国可仅在沿海国、船旗国或受影响国提出请求时，才启动司法程序。

二、"北海治理模式"概念界定

作为全球海洋治理的一种区域实践，北海海洋治理不仅与全球治理、全球海洋治理相关联，与区域主义、区域治理和区域合作等概念及其理论也具有天然联系。同时，由于北海的半闭海属性，倡导行为体相互合作的半闭海制度构筑起"北海治理模式"的法理基础。

（一）"北海治理模式"的法理基础：半闭海制度

在第三次联合国海洋法会议上，各缔约国已开始认识到闭海和半闭海在地理和政治方面的特殊性和复杂性，半闭海问题被纳入成为一个新的主题。[①]1972年3月召开的海底委员会会议上，56个亚、非、拉发展中国家提出了《综合海洋法项目和问题清单》第17项，称为《闭海和半闭海》。这份综合清单后来得到海底委员会的批准，闭海和半闭海项目也被正式列入海洋法会议议程。经四次磋商讨论后，最终通过的《联合国海洋法公约》第九部分规定了半闭海制度，共两项规定，即第一二二条半闭海定义和第一二三条半闭海沿岸国的合作。值得注意的是，半闭海制度本身所包含的许多法律问题，如半闭海的海洋划界、航海权，并没有在《联合国海洋法公约》的规定

---

① Adalberto Vallega. Ocean Governance in Post-modern Society—A Geographical Perspective [J] . Marine Policy, 2001, 25 (6) : 410-411.

中得到充分的体现，该结果不仅反映了这些问题的敏感性，而且还说明了当时美国和苏联等海洋大国为了自身利益对《联合国海洋法公约》的制定所产生的影响。

《联合国海洋法公约》第一二二条规定："为本公约之目的，'闭海或半闭海'指由两个或两个以上国家所环绕，并由一个狭窄的出口连接到另一个海或洋，或全部或主要由两个或两个以上沿海国的领海和专属经济区构成的海湾、海盆或海域。"

该公约没有对闭海或半闭海作出单独的定义，而是通过两项标准对其作出规定：（1）海湾、海盆或海域，由两个或两个以上国家所环绕，并由一个狭窄的出口连接到另一个海或洋；（2）海湾、海盆和海域，全部或主要由两个或两个以上沿海国的领海和专属经济区组成。只要满足这些标准之一，就可以被视为闭海或半闭海。闭海、半闭海实际在地理上属于一个相对封闭的系统，与其他海域和海洋之间的循环较少；从政治上讲，闭海、半闭海海域的性质使其周围的陆地所属国家不止一个，甚至还有许多沿岸国。

《联合国海洋法公约》第一二三条指出，关于半闭海合作，闭海或半闭海沿岸国应相互合作，行使和履行本公约规定的权利和义务。为实现这一目标，这些国家应尽量直接或通过适当的区域组织进行以下活动：（1）协调海洋生物资源的管理、养护、勘探和开发；（2）协调行使和履行其在保护和保全海洋环境方面的权利和义务；（3）协调其科学研究政策，并在适当的情况下在该地区进行联合的科学研究方案；（4）在适当的情形下，邀请其他有关国家或国际组织以其合作以推行本条约规定。①该条所用的措辞"应相互合作"
和"应尽最大努力",使其更倾向于主动行动,而非强制性义
务。

无论如何,《联合国海洋法公约》的半闭海制度主张在
有关国际组织的参与下,从海洋生物资源开发、海洋环境保护
和海洋科学考察等三个方面开展具体合作。该制度为全球海洋
治理研究提供了重要法律依据,也为包括北海在内的半闭海地
区的沿海国家开展海洋合作提供了法律基础。因此,半闭海制
度是"北海治理模式"的法理基础。

(二)全球海洋治理北海区域实践的理论渊源:区域主义

关于区域,各学科有不同的定义:地理学将区域视为地
球表面的一个地理单元;经济学将区域视为经济上相对完整的
经济单元;政治学通常将区域视为由国家进行管理的行政单
元;社会学将区域视为具有某种人类社会特征的聚居区。②不
管如何界定,区域的一个基本特征是不变的,正如美国著名区
域经济学家埃德加·M.胡佛所指出的,"区域是一片以描述、
分析、管理、规划或制定政策为基础,将其作为应用整体来考
虑的地区",所有的定义都把区域概括为一个地理范畴,因此
可以从整体来分析。③区域内部的整体性要求我们更加重视区

① https://www.un.org/Depts/los/convention_agreements/texts/unclos/unclos_
c.pdf.

② Raimo Väyrynen. Regionalism: Old and New [J]. International Studies
Review, 2003, 5(1):25-51.

③ Adalberto Vallega. The Regional Approach to the Ocean, the Ocean
Regions, and Ocean Regionalisation—A Post-modern Dilemma [J]. Ocean &
Coastal Management, 2002, 45: 752.

域内部各部分之间关系的协调。

随着20世纪80年代国际关系的缓和，尤其是"冷战"结束之后，基于区域的经济一体化、政治与安全合作成为国际社会的一个重要现象，"区域主义"一词也开始流行起来。被广泛认为是世界三大经济中心的西欧、北美和亚太，因而成为世界区域化的主要标志。在这一背景下，区域作为世界的一个单位，其相互竞争的局面自然成为区域主义的主题。从这一角度看，区域内部的制度化程度、区域文化和身份认同、区域间主义、区域化、区域比较等，成为区域主义讨论的核心问题，而这些概念及其定位显然是将区域作为统一单元来对待的，这也就意味着以区域为单位的全球竞争，已经开始取代以国家为单位的全球竞争。①

对区域主义的理解，不同的学者有不同的认识，目前主要有四种观点：经济论、政治论、主体建构论和综合论。

经济论强调区域主义和它对全球贸易体系的影响。贾格迪什·巴格沃蒂（Jagdish Bhagwati）和雷蒙·万里尼（Raimo Väyrynen）是此学说的主要代表。巴格沃蒂认为，区域主义是各国间以贸易转移的主导影响为基础的最惠贸易协定，而区域主义会产生贸易保护主义甚至战争，成为通向全球贸易体系的绊脚石，从而减缓这一进程。万里尼认为，巴格沃蒂的观点仅涉及初级商品贸易领域，而且只是区域合作的一个浅层次，已远远不能满足当前社会现实的需求。万里尼在这一背景下进一步发展了巴格沃蒂的观点。他指出，区域主义还包括国内经济

① 陈玉刚. 区域合作的国际道义与大国责任［J］. 世界经济与政治，2010（8）：67.

政策的协调与合作，强调正式机制的作用。[①]此外，万里尼在区域主义和全球贸易体系之间的关系上也与巴格沃蒂的观点相反。在他看来，缺乏充分的现实数据证明区域贸易协定可以削弱多边贸易协定；相反，有充分的证据表明，区域贸易协定能与多边贸易协定相互兼容，而且有助于多边贸易协定的开放。但是，经济论忽略了政治因素在区域主义中的地位和作用，尤其是在区域贸易协定兴衰变化的原因上，在决定区域贸易协定伙伴选择的因素上，在为什么国家要采取区域贸易战略，而不是依靠单边或多边途径问题上，以及在区域主义的政治影响如何等四个问题上，经济论没有给出令人信服的答案。

政治论主要从国际政治和国内政治的角度对上述四个问题进行了重要的阐释。就国际政治而言，区域主义通常涉及通过正式制度进行的政治磋商，这种磋商通常是在地理位置接近且相互影响密切的国家之间进行的。学者卢光盛在《区域主义与东盟经济合作》一书中，分别从国家在区域主义中的作用、各区域主义行为体的动机以及各区域主义行为体的理想期望形态三个方面，对区域主义研究中的"七种意象"，即新现实主义、新自由制度主义、新马克思主义、世界体系理论、新葛兰西主义的世界秩序观、全球主义、区域治理观，进行了比较分析，并指出了区域主义的力量、体制和结构是影响其形成和发展的关键变量。从国际政治的视角来看，区域主义就是要改善本区域的治理水平和治理能力，建立符合本区域特点和目

---

① Raimo Väyrynen. Regionalism: Old and New ［J］. International Studies Review, 2003, 5（1）: 25–51.

标的区域秩序。而在后"冷战"时期的国际体系中，由于人道
主义或其他政治原因，越来越有必要进行区域性对外干预，并
处理区域危机，但传统大国和新兴大国都未显示出承担管理这
些区域危机的全部责任和强烈意愿。

主观建构论是近年来在国际政治领域中受到建构主义理
论的影响而形成的解释区域主义理论的新观点。这一观点认
为，区域主义具体反映了区域成员国所具有的区域身份。区域
主义在本质上是主观的，它是代表着不同程度身份的一系列
标准、价值、目标、观点及其建构。卡尼瑟卡·贾亚苏里亚
（Kanishka Jayasuriya）也持有类似的观点。他认为，区域主
义是一系列由语言和政治论述所塑造的认知实践，它们通过概
念、隐喻决定了对区域的定义，它们确定了哪些行为体应在区
域内，哪些行为体应被排斥，因此，它们能产生一个区域实体
和区域身份。

综合论本身并不具有独立的代表性观点，是一些学者为
了弥补经济论、政治论、主观建构论等相关学说的缺陷，将这
些学说整合起来，也有人称之为"折中论"。综合论认为，区
域主义是一种更为普遍的现象，"代表着正式的，通常是由国
家主导的计划、过程，或者是一系列准则、价值观、目标、
观点，或者是一种具有特定目的的国际秩序或社会类型的政
治、经济或安全合作过程"。因此，人们应该从折中和多维的
角度看待区域主义。

在此基础上，本研究对区域主义的理解更倾向于第四种
观点，即"综合论"。前面三种关于区域主义的观点，或者
过于强调经济因素的作用，或者过于强调政治因素的影响，
或者过于强调主观心理的表述，都有其片面性，过于强调观

点的差异，都不利于正确、全面地理解区域主义。笔者认为，对区域主义应采取一种务实的态度，"融合互补"各种观点，形成更加全面、更好理解和运用的区域主义的概念。

（三）"北海治理模式"的界定

本书提出的"北海治理模式"，是一个关于北海海洋治理的概念图谱、一个总体框架，用于构建知识结构和分析某种关系模式，也可以被称为"北海海洋治理范式"。"北海治理模式"的形成基于区域合作与区域治理理论和理念。"区域治理"和"区域合作"的内核均包含共同目标、联合行动，在特定场域下可相互重叠、替代或转换。

从广义上说，区域合作是特定地缘范围内各国为了追求共同目标而采取的集体行动。在此过程中，区域内各国就某种区域秩序的权威和约束力达成共识，并根据这些共识调整自己的行为，使之符合其他国家目前和今后的需要。区域各国的共同目标，也是区域合作的主要成果之一，在于获取区域公共产品，包括秩序。一项成熟的区域合作必须稳定而有效地解决区域公共产品供应的体制化问题，也就是通过各种正式或非正式规则来维持区域合作，使其成为国家之间能够自我持续和运作的长期集体行动。由于有些国家可在维护区域秩序、建立区域合作体系等方面发挥主导推动作用，这些国家可通过发挥牵头国家的作用，积极推动国际区域合作的发展。因为区域内部结构和历史依存路径存在着差异，区域秩序权威和约束的形成以及区域公共产品稳定供给的实现，其背后的动力机制、博弈规则和相应的政治哲学逻辑也是不一样的。这种差异导致了区域合作的不同模式。例如，新自由制度主义思想的学者更倾向于认为，区域合作是区域内各国相互依存关系发展和追求共同利益的必然结果。为解决经济相互依存中的利益冲突、公共产品供给不足和交易成本上升等问题，各国必然通过协商，共同构建国际机制，制定相关法律法规，使合作制度化。①建构主义提出了实现国际合作即共有文化的途径。共有文化是通过共同观念建立起来的，它表现为国家之间在规范、制度、习俗、意识形态等方面的认同，这种认同确立了国家之间的集体身份和共同利益，并为国际区域合作奠定了基础。②

"区域治理"是人类在不同地域的地理环境、族群分布和文明传承基础上，以区域为单位的社会实践，是治理范围超越民族、国家范畴后，对区域治理框架的自然延伸。当前学术界普遍将其视为"全球治理的局部运用"，大多数学者将其视为"全球治理"的组成部分，由此把欧盟、东盟等视为"全球治理"在特定区域取得成功的典范。目前，大多数关于"区域治理"的研究都是针对欧盟的，其中包括西蒙·布尔默（Simon Bulmer）、贝阿特·科勒–科赫（Beate Kohler-Koch）、弗里茨·沙普夫（Fritz W. Scharpf）和斯通·斯威特（Stone Sweet）等人的研究。③"区域治理"理论基础来源于区域主义。关于"区域"在区域治理中应如何定义，自20世

---

① 全家霖. 区域合作理论的几种看法——政治经济学与经济学为中心
［J］. 国际论坛，2001（4）：14-16.

② 宫倩. 国际区域合作的驱动力要素论析［J］. 理论与现代化，2016（4）：
23-25.

③ 张云."区域治理"理论在国际关系研究中的嬗变［J］. 广东技术师范学院学报（社会科学版），2015（4）：59-62.

纪六七十年代始，学者们展开了大量的讨论。总的来说，可以把区域划分为三种类型：第一种是"超国家区域"（Supra-national Regions），它主要包括相邻的一组或多组主权国家；第二种是"次国家区域"（Sub-national Regions），它指一个国家内固定的政治实体；第三种是"跨国界区域"（Cross-border Regions），即涉及两国或多国之间的边界地区。"区域决定论"是"区域治理"理论的核心要义，即强调个体需要借助特定的区域框架，在追求自身利益的导向下，行为主体之间的内部互动。这些行为主体之间的相互作用，通常表现为各要素之间的整合，并呈现一体化趋势。本地优先（Prioritize the local）思想是"区域治理"的关键，即所有事情都以本地区为首要优选项。区域治理以区域联合、区域建制和区域大国为基本变量，在此基础上，形成区域协调、区域管理和区域监测三种基本的区域治理机制。

区域治理强调地区内部的相互作用。具体地说，区域治理可确定三个不同的维度。一是制度导向的区域治理。实际上，这类区域治理模式以部分地区的一体化进程为主要范例，其治理基础以地域归属为主要标志，而治理效果则以一体化程度作为衡量指标，强调统一的互动标准和类似欧盟、亚太经合组织和南方共同市场等行为准则。二是体制导向的区域治理。该理论与地区主义兴起时的"冷战"背景紧密结合在一起，但在实践中却带有强烈的理想主义色彩。三是认同导向型区域治理。它不仅包含了物质层面的客观性，也包含了非物质层面的主体性，即共同价值观、共同目标、共识等因素的构建。这一主观性可以通过政治、经济、文化等手段予以认识，进而确定地域范围。以法语国家组织（Organisation

Internationale de la Francophonie）为例，它强调以法语为第一
语言并受法国文化显著影响的国家为主体；而阿拉伯国家联盟
（The League of Arab States）则强调国家之间的历史和文化特
征。总的来说，区域治理的核心内容包括制度、体系和认知三
个方面。一些学者认为，"区域治理的根本是要形成一个'目
标共同体'，包括具体的价值或观念分享，在此基础上创建有
限空间内的行为准则，并激发空间内的主体为实现共同目标而
产生积极互动的愿望或行为"①。

笔者认为，基于前述实践原型、法理基础和理论概念，
可以将北海海洋治理模式界定为：相似地缘结构的北海地区主
权国家群体以及非国家行为体，在利益扩展过程中，寻求海洋
治理共同认识和目标，并借助于相应的规范和行为准则作为框
架，相互影响、相互作用的理念、机制、行动及其效果。在这
些因素中，共同的地理联系和形态结构、向外扩展逻辑产生的
溢出效应、共同的利益、共同的外部挑战和内部需要，是这一
模式实践的主要推动力。

体制设计（institutional design）是北海海洋治理模式的重
要组成部分。在国际区域合作中，国际合作机制以法律为保
障，实现合作成员国之间的国家利益和区域利益，通过相应的
法律规范成员国的行为，减少合作风险，建立国际合作机制的
一系列法律规范，是区域内成员国相互妥协和协商的结果。这
种妥协和协商不断促进合作机制的完善和国际区域合作的持续
发展，更为维护区域乃至国际秩序作出了贡献，也在另一个侧

---

① 张云. "区域治理"理论在国际关系研究中的嬗变［J］. 广东技术师
范学院学报（社会科学），2015（4）：59-62.

面体现了国际合作机制在国际区域合作中的作用，是国际区域
合作能够持续开展的重要推动力。体制设计所提出的"游戏
规则"，对个体行为的共同期待与约束下的利益最大化是制度
设计需要关注的焦点，西方在研究制度设计时的理性主义范
式，对跨国行为主体与民主合法性的作用的强调，以及中国学
者对规范性的重视，实际上都是从不同的角度观察制度设计的
影响因素。

　　区域治理强调地区内部的互动，并在区域内促进历史、
文化和身份的多元化。①区域合作模式的形成是长期区域内历
史认知与行为互动的结果，是区域合作行为实现自身持续性与
深化的必要条件。在区域合作的成熟模式中，不同社会主体之
间的观念认同、信任机制、交往习惯、历史行为与政治理念相
互影响，形成稳定的秩序。这一秩序安排虽然不能直接促成某
种合作机制的充分条件，但却是必要的，是与外部因素共同作
用的结果，是在应对不断变化的外部环境过程中，对合作的形
式和方向进行自我调整的结果。②

　　"北海治理模式"的形成和发展具有明显的阶段性和成长
性。该治理模式涉及的相关国家将重点放在区域治理上，强调
区域内部的多元整合、良性互动和价值认同，通过制度设计
促进认同，从而构建外部排他与内部共商的"自主治理"模
式。由于问题的影响范围不断扩大，对外部资源的需求不断增
加，初级模式暴露了跨区域和集体原则方面的缺陷，因而逐步

---

　　① 赵隆.北极区域治理范式的核心要素：制度设计与环境塑造［J］.国
际展望，2014（3）：108.
　　② 高程.区域合作模式形成的历史根源和政治逻辑——以欧洲和美洲为
分析样本［J］.世界经济与政治，2010（10）：34-35，56.

接纳并寻求域外主体（如欧盟）参与治理，打通更多多边的治理渠道。在管理主体对于身份观念、同化观念和自律观念的内化以及制度取向、权力结构和技术创新在客观"物质"变量上的客观发展过程中，北海事务的治理模式将向更高层次发展。

"北海治理模式"的核心要义，在于北海地区主权国家群体面对共同利益和外部挑战、内部需要，寻求区域海洋治理的共识和共同目标，并借助欧盟和其他国际组织的力量，以相应的规范和行为准则作为框架，在地缘结构的利益扩展过程中，通过"海陆联动"、相互影响，产生溢出效应，推动北海地区实现可持续发展。

最后，从"北海治理模式"推演界定过程中进一步证明，"区域主义""区域治理"和"区域合作"这几个概念有机联系，其相关理论也具有很多内在关联。"区域主义"为"区域治理"和"区域合作"提供了宏观理论基础，而"区域主义"的理论阐释离不开"治理"与"合作"这两个关键因子。所以可以说，"区域治理"和"区域合作"在一定程度上使"区域主义"进一步具象化。放宽视野维度可以发现，全球海洋治理、全球治理同样涵括"共同目标和行动"的重要内核。由此可构建出全球海洋治理、全球治理、区域治理、区域合作之间的内在逻辑关联。因此，作为"区域化"的全球海洋治理，北海海洋治理无疑吸收了区域治理、区域合作的理论给养。北海海洋治理蕴涵的、不断发展的区域治理和区域合作机理，体现了开放的"区域主义"趋向，其中一个重要原因在于，北海海洋治理所应对的许多治理客体本质上是全球化带来的全球性问题。更为确定的是，在全球海洋治理视阈下，北海

海洋治理践行全球海洋治理理论，形成了全球海洋治理在北海
地区的区域实践。

本章小结

　　本章节阐释了全球海洋治理北海区域实践的基本情况、重点领域、规制基础，对"北海治理模式"进行推演界定。

　　北海地区早在20世纪中叶即开展海洋治理活动，最早签订的公约是保护海洋环境方面的公约，第一项国际文书是《波恩协定》。20世纪70年代，北海海洋治理就成为一项跨国性的区域合作。北海水文委员会（NSHC）和《波恩协定》组织是北海海洋治理较早的两大区域性国际组织。

　　从全球海洋治理的视角来看，北海海洋治理既有"防治保护"的一面，又有"资源利用"的一面，因而其治理的重点领域也就集中在两大方面：一是海洋污染防治和环境保护，二是可再生能源开发利用。《联合国海洋法公约》是全球海洋治理北海区域实践的规制基础。

　　作为全球海洋治理的一种区域实践，北海海洋治理不仅与全球治理、全球海洋治理相关联，与区域主义、区域治理和区域合作等概念及其理论也具有天然联系。同时，由于北海的半闭海属性，倡导行为体相互合作的半闭海制度构筑起"北海治理模式"的法理基础。

　　基于前述实践原型、法理规制和理论概念，可将"北海

治理模式"界定为：相似地缘结构的北海地区主权国家群体以及非国家行为体，在利益扩展过程中，寻求海洋治理共同认识和目标，并借助于相应的规范和行为准则作为框架，相互影响、相互作用的理念、机制、行动及其效果。

第三章

北海海洋治理区域合作主要机构和机制

北海海洋治理区域合作优势明显，主要表现在区域合作机构较为健全，运行机制比较完善，形成的政策文件具有相对较强的约束性，能够较好地落地实施。

一、北海海洋治理区域合作主要机构

（一）欧洲周边海域会议（CPMR）北海委员会（NSC）

北海委员会成立于1989年，是欧洲周边海洋区域会议（CPMR）下的六个地理委员会之一，是北海周边地区的合作平台，汇集了来自欧盟27个成员国和非成员国的160个区域，代表近2亿人口，致力于加强区域当局之间的伙伴关系，支持欧洲领土更加平衡的发展，并努力执行旨在促进欧洲经济增长的综合海事政策，以应对北海带来的挑战和机遇。北海委员会具有代表区域政治层面的独特作用，它与当地利益攸关方和公民进行密切对话，并广泛了解当地情况。

该委员会与欧盟机构、各国政府和其他组织就北海有关问题保持密切联系，通过对话和正式的伙伴关系，寻求促进共同利益。北海委员会的主要目标是：促进和提高人们对北海地区作为欧洲主要经济实体的认识；成为开发和获取联合发展倡议资金的平台；游说一个更好的北海地区。合作涉及政策制定和政治游说，跨国项目的开发以及知识和最佳实践的交流，重点聚焦四个主题：海洋资源、运输、能源与气候变化、有吸引力且可持续发展的社区。①

2011年10月，北海委员会通过了《北海区域2020战略》，表明了支持欧洲2020年目标的承诺，并确定了北海地区联合行动的关键领域。《北海区域2020战略》文件将北海地区视为领土合作地区。它有四个战略重点，旨在解决北海地区面临的挑战和机遇，力争在跨国行动和合作中增加附加值。

《北海区域2020战略》提供了促进区域合作和协调发展的手段，以及促进政策和实际交流、一体化和协调发展的框架。该战略出台后，北海委员会一直为实现战略设定的目标推进工作。2016年，委员会认为政策环境和经济条件变化迅速，必须重新审视、更新《北海区域2020战略》，于是就此"自下而上"启动"审查"进程，由北海委员会成员、北海区域非成员代表以及非政府组织、工商界和学术界的利益攸关方参与，还向欧盟机构咨询意见。在听取意见基础上对《北海区域2020战略》进行了修订。在2018年的年度业务会议（ABM）中，决定开始制定2030年后发展战略的北海区域战略。

（二）"欧盟战略创新计划"北海地区项目（Interreg North Sea Region）

"Interreg"即"Inter Region（区域之间）"，其中文全称为"由欧洲区域发展基金资助的旨在促进欧盟内部区域合作的共同体倡议"。Interreg不仅为跨境合作区提供资金支持，而且与地方政府、机构一起，对跨境合作区的事务进行监督与

---

① https://cpmr-northsea.org.

管理。欧盟希望通过Interreg支持跨境、跨国以及地区间的合作，促进联盟内的经济聚合、社会聚合与地域聚合，最终实现整个欧洲的平衡发展。

Interreg是欧盟通过项目资金支持跨境合作的关键工具之一。其目的是共同应对共同的挑战，并在健康、环境、研究、教育、交通、可持续能源等领域寻找共同的解决方案。

Interreg是2014—2020年欧盟凝聚政策的两个目标之一，由欧洲区域发展基金（ERDF）资助。它在几个负责项目资金管理的合作计划中投入了101亿欧元的预算。

北海地区项目的总体目标是支持整个地区的发展并促进持续的经济增长。项目帮助企业、机构、公共行政机构、非政府组织和其他机构汇集专业知识，分享经验并进行合作，以开发出切实可行的解决方案，解决该地区各组织所共有的问题。管理具体项目的预算达1.67亿欧元，资金特别向试点、示范和试验项目倾斜。项目通常会探索组织如何更好地长期协同工作。尽管尖端技术很重要，但北海地区项目管理者们对开发和测试新的组织结构，支持网络和创新实践的工作也同样感兴趣。

北海地区项目专注于整个地区最相关和紧迫的四个主题，包括思维增长、生态创新、可持续北海区域以及绿色交通与出行。①

---

① https://interreg.eu.

（三）北海会议（North Sea Conferences）

北海会议（North Sea Conferences）是北海地区国家部长级会议机制，由比利时、丹麦、法国、德国、荷兰、挪威、瑞典、瑞士和英国政府参与，以保护北海海洋环境为初衷。20世纪80年代，上述国家政府关注到通过河流排放、海上倾倒的各种有害物质和废弃物可能对北海生态系统造成不可逆转的损害，同时其中一些国家不满/认为有关主管国际组织在北海生态环境保护上进展缓慢，于是共同倡议举行国际北海保护会议。首届会议于1984年在德国不来梅举办，此后先后在伦敦（1987年）、海牙（1990年）、埃斯比约（1995年）、卑尔根（2002年）和哥德堡（2006年）召开会议。

在北海会议这一政治框架下，各国能够广泛地处理涉北海问题，就北海海洋保护举措进行全面评估，较为迅速地就有关问题作出反应，并且每次会议聚焦关键议题。

北海会议已经达成了具有深远意义的政治承诺，其中许多已被国家法规以及具有法律约束力的公约框架所采用。北海会议的重要成果包括1987年伦敦会议提出并采纳的海洋保护预防原则。另一个重要成果是在1997年渔业和环境问题综合治理中级部长级会议上达成了一项协议，该协议旨在开发一种生态系统方案并将其应用于人类活动管理和北海保护。2002年召开的第五届北海会议部长会议制定了生态系统方案的概念框架，并致力于方案实施。

在讨论北海会议的历史时，无论出现的情况多么矛盾，从波罗的海开始是有帮助的。1974年，《保护波罗的海海洋环境公约》（即《赫尔辛基公约》）首次为一个海域制定了全面措施，以打击所有相关污染源。与此同时，在赫尔辛基委员会的设立下，该公约建立了一个组织框架，建立了沿岸国之间的密切合作，以保护波罗的海。但是，为了保护北海和东北大西洋，不同的国家努力在组织上取得了某种统一，《奥斯陆公约》和《巴黎公约》所设委员会维持一个联合秘书处，同时承担《波恩协定》秘书处的职能。当然，这带来了行政方面的改进，但几乎没有考虑到国际合作。

虽然在《奥斯陆公约》和《巴黎公约》的第一个十年，北海生态系统保护工作取得了许多成就，但在20世纪80年代初，保护北海生态系统需要采取更多行动的情况变得越来越明显，经常可以听到批评说这项工作进展太慢。1980年，德国政府发表了广泛的研究报告（*Umweltprobleme der Nordsee*），其中明确概述了北海问题。因此，德国政府主动召开了一次关于保护北海的政治会议，目的是加速国际环境决策。其他北海周边国家也认识到需要召开这样一次会议。

1984年在德国不来梅举行了第一次保护北海部长级国际会议。这次会议标志着各国在认识到北海作为一个重要生态系统的重要性、对这一系统的威胁以及需要采取保护措施方面迈出了重要一步。会议没有商定实际措施，但通过预防原则和使用最佳可得技术的原则为随后的所有决定奠定了不可或缺的基础。会议的政治动力有助于加快北海环境管理进程，而不设立新的法律机构或文书。

第二次北海会议于1987年在英国伦敦举行，进一步发展了预防原则。环境部长们还制定了减少污染物质投入的明确目标。会议商定，在1985年至1995年期间，有毒和危险物质的投入将大幅度减少（约为50%）；商定了将磷和氮输入可能造成污染地区的相同削减顺序。此外，还商定了控制向海洋倾倒废物的措施。第二次北海会议还决定设立北海工作组，以便对国际科学研究、监测、评估和建立北海生态系统环境条件模型采取更加协调一致的办法。国家海洋考察论坛（NSTF）是与《奥斯陆公约》和《巴黎公约》委员会以及国际海洋考察理事会密切合作而设立的。其主要任务之一是编写北海质量状况报告。

第三次北海会议于1990年在荷兰海牙举行，会议评估了前两次会议决定的执行情况，并决定了其他措施。部长们的结论是，采取行动是适当的，以实现预期的目标。商定了36种物质的清单，应减少50%或更多；对于几种非常危险的物质，商定减少70%。其他措施包括逐步淘汰多氯联苯、减少大气排放和终止海上焚烧废物。从历届北海会议中可以看出一条明确的主线：从不来梅的"认识和共同责任"，到伦敦通过"行动和保护措施"，再到海牙的"评估和加强"。

第四次北海会议于1995年在丹麦举行，北海地区国家的部长们共同探讨如何继续共同努力保护和保全北海环境。同时，1993年底在丹麦举行了一次部际会议，讨论在一些重要的具体问题上取得的进展，例如减少营养物质和杀虫剂、船舶污染和北海质量状况报告。

（四）北海海上安全监督论坛（NSOAF）和北海污染追查联合会（NSN）

北海海上安全监督论坛（NSOAF）成立于1989年，旨在通过监督北海石油勘探开采等活动，确保有关活动能够在不断改善的健康环境和安全条件下进行。论坛成员为挪威、丹麦、丹属法罗群岛、德国、爱尔兰、荷兰和英国的主管政府机构，每年召开一次全体会议。论坛下设三个工作组和一个培训工作办公室。三个工作组具体为健康、安全和环境工作组（NSOAF-HS＆E）、钻井和控制井工作组（NSOAF-WWG）以及法规工作组。

健康、安全和环境工作组的职责任务包括持续改善安全和工作环境，协调法规要求并减轻行政负担，推动监管机构之间的经验转移分享，以及研究涉及监管者共同利益的其他问题。钻井和控制井工作组主要负责就钻井和井作业、井完整性和井喷预防的工作环境和安全措施相关内容交流信息并开展合作。法规工作组主要负责促进北海周边国家之间分享欧盟相关法规信息和工作经验，更好地理解并实施有关法规。培训工作办公室主要负责跟进北海周边国家/地区间安全培训要求相互认可的有关工作。

北海污染追查联合会（NSN）成立于2002年，旨在帮助执行防止北海船舶污染的国际法规。该联合会与《奥斯巴公约》委员会（简称奥斯巴委员会）相关联，并与《波恩协定》组织合作。

该联合会是2002年在第五届北海会议上，与会政府代表倡议建立的，致力于"在北海国家之间以及欧盟层面围绕执行预防、控制和减少船舶污染的国际规则和标准加强合作。增加对非法排放物的侦查，改进对涉案者的调查和起诉"。

自2002年以来，北海污染追查联合会为其成员提供了强大的区域性平台，北海地区国家的调查人员和检察官通过该平台进行跨境协作，共同探寻处理船舶污染犯罪问题的方式和有效执行手段。①

---

① https://www.ospar.org.

二、北海海洋治理主要运行机制

从20世纪50年代起，北海治理得以萌芽。与北海治理相关的区域组织表现为区域治理运行机制中的区域管理类别，区域合作的领域主要为水文事务和海洋污染防治。由各政府代表作为北海治理机构的成员，以政府间主义合作方式，促成各国同类职能部门进行对接。北海水文委员会（NSHC）、《波恩协定》组织具有此类治理运行机制。

在海洋治理过程中，数据、活动等监测工作不可或缺，可称为（区域）监测类的治理运行机制。大多数北海治理机构平台都设有专业技术部门或拥有专家顾问团队，以此实现监测治理。比如，奥斯巴委员会在监视石油和天然气设施（无论是来自运营来源还是意外泄漏）中的油污染水平方面发挥着重要作用。奥斯巴委员会收集的信息包括每年排放的水量、年平均含油量以及排放的油总量（以吨为单位）。自2007年以来，有人值守和无人值守装置的排放采样以及气相色谱仪的使用（之前是红外检测）使奥斯巴委员会能够确定样品采出水中的分散油含量，以确保装置符合所有相关标准。[①]溢出和排放的各种数据被汇总到奥斯巴委员会年度报告中，该报告提供了未能达到要求的装置的详细信息。相关的性能标准包括，从

---

① OSPAR Commission. OSPAR Reference Method of Analysis for the Determination of Dispersed Oil Content in Produced Water Agreement 2005−2015（Amended in 2011）[R]. London: OSPAR Commission, 2011.

平台排放的石油设备（产出水、置换水、压舱水、排水等）中排放的碳氢化合物的平均浓度设置为40 mg/L。关于将海上设施的产出水的浓度管理降低至30 mg/L的具体建议于2007年生效。40 mg/L的浓度继续适用于置换水、排水和压舱水。但是，40 mg/L和30 mg/L的标准均指月平均浓度，而不是绝对排放标准。

区域协调性质的治理运行机制在北海治理中也较普遍，通过缔结条约、发表声明等方式保持多边对话，协调立场和政策，治理机构往往建制化程度不高。比如北海会议主要属于此类运行机制。部长们在2006年哥德堡会议上指出，目前尚无再次召开北海会议或部长级会议的计划。部长们宣布，多年来在许多论坛上讨论的许多问题正在其他论坛上得到处理。本着进步的精神，他们同意对上次会议确定的问题采取后续行动，并继续就北海环境问题进行密切接触。

多数北海治理机构同时具有多种运行机制。此外，欧洲周边海域会议（CPMR）北海委员会（NSC）有一定特殊性，其成员是北海周边国家的地方政府部门，该机构系次国家行为体间开展合作的平台，其治理运行机制表现为在次国家层面上进行管理、协调和监测。

最后，主要的北海治理机构之间建立了伙伴关系，就有关问题保持沟通协调。例如，欧洲周边海域会议北海委员会与"欧盟战略创新计划"北海地区项目互为合作伙伴，两家机构的工作目标和努力方向契合，双方共同致力于推动北海地区发展，同时又各有侧重，形成互补。北海委员会为跨境合作项目提供有效的平台和网络，"欧盟战略创新计划"北海地区项目则是这些跨境合作的主要资金来源。这两家机构每年还联合组织特别会议，将北海地区政府官员和其他利益相关方召集起来，使同行之间能够接触会面、交流经验，并推进具体项目合作。

三、北海海洋治理机制案例
——第一次保护北海国际会议

（一）会议背景和召开过程

20世纪80年代初，越来越多的迹象表明，北海正受到有害物质的严重污染。受影响特别严重的是荷兰、德国和丹麦的沿海地区。根据北海的水文条件判断，显然有关沿海国没有采取足够的应对措施。如果没有更多的政治动力，国家层面很难立即采取激进措施，减少已经发生的污染。

因此，联邦德国政府于1983年主动邀请北海沿岸国参加一次部长级保护北海国际会议。他们认为，必须防止在个别区域确定的污染对整个北海生态系统产生不利影响，不应等到大规模的有害影响得到证实后再进行应对。相反，应根据预防原则，在所有邻国的合作框架内尽早采取一切措施，以避免不可逆转的损害。会议的目的不是制定一套新的国际协定，而是为了加强主管国际机构的工作，为在所有邻国更有效地执行现有国际规则提供政治动力。①

1983年12月在波恩举行的北海沿岸国筹备会议达成了一项重要协议，即会议不应局限于一般原则，而应审查所有污染源并通过明确的决定。

在筹备过程中，各国际专家组汇编了关于到1984年夏天为止会议主题范围的决议提案。随后，1984年8月举行了一次听证会，国际机构在听证会上提出建议，并于1984年9月完成了筹备工作。

第一次保护北海国际会议于1984年10月31日至11月1日在联邦德国不来梅举行。北海沿海国负责北海事务的部长以及欧洲共同体委员会代表参加了会议。一些国际组织、《奥斯陆公约》和《巴黎公约》其他缔约方、欧共体其他成员国代表作为观察员出席了会议。在当时负责环境保护的联邦德国内政部部长主持下，举行了几次公开全体会议，讨论基本立场。在代表团团长一级，通过长时间激烈的辩论澄清了更多有争议的问题。会议结束时通过了一项关于保护北海的全面宣言。

（二）会议的成果

该宣言细分为一个概述会议成果的方案性介绍部分，以及由许多详细声明组成的实际执行部分。其中，A节说明了针对有关问题的考虑，B节说明了应对问题的基本决定，C～J节提出了各项具体的措施。在综合附件中，部分措施进一步细化。会议成果涉及如下重点内容。

---

① Jules Hinssen, Jan Willem Van Der Schans. Co-governance: A New Approach of North Sea Policy-Making? [J]. Marine Pollution Bulletin, 1994, 28（2）: 69.

关于北海的现状。北海，特别是其自然资源，构成了一个重要的、不可替代的环境。来自北海所有沿海国的专家编制的一份质量状况报告得出结论认为，整个北海的中部和北部似乎没有受到很大影响，但已查明污染，特别是在河口和沿海地区。污染物主要来自陆地，通过河流、沿海水域和大气进入海洋。此外，通过直接排放、倾倒和船舶操作输入的污染物可能对北海造成严重的局部损害。

关于基本原则和该宣言的法律性质。会议强调，为了今世后代，沿海国和欧共体就保护北海区域的重要海洋生态系统共同担负责任，包括瓦登海和其他高度敏感的沿海区域。通过及时的预防措施来保护环境免受污染。由于对海洋环境的损害可能是不可逆转的，或只能用相当大的费用和很长的时间才能补救，因此在采取行动之前等待有害影响的证据，是不谨慎的做法。鉴于此，第一次保护北海国际会议确认了预防原则。应毫不拖延地执行现有的防止海洋污染的国际协定，并在国际机构中采取适当举措，防止和进一步显著减少海洋污染。该宣言不包含任何具有法律约束力的国际协定，但会议的结果应被视为北海进一步环境政治行动的基础，部长们接受会议的结论，以便在主管国际机构采取协调行动。

关于源于河流和沿海水域的污染。参会各方认识到需要防止或显著减少通过河流和沿海水域的污染，应在欧共体、巴黎委员会和有关河流委员会的框架内，尽可能早于1985年通过关于控制"黑色"和"灰色"清单所载物质，特别是有机卤化合物和重金属的强制性条例。在这些条例中，应包括防止沉积物污染的方法。关于其他条例，应不断审查潜在危险物质，特别是新的合成有机化合物的潜在有害影响。应毫不拖延地加强旨在逐步停止使用和排放多氯联苯的活动。通常，排放应在源头上受到限制；排放标准应考虑到现有的最佳技术手段，质量目标应以最新的科学数据为基础。应定期审查统一排放标准和环境质量目标的不同做法，无论是基于注入还是排放的原则，以使它们更加接近。为了减少来自所有核工业的放射性排放物质进入海洋环境，北海沿岸国宣布，将采纳适用的主管国际组织的建议，并考虑使用现有的最佳技术。

关于源于大气的污染。参会各方认为，应在巴黎委员会内采取一项联合倡议，于1985年通过一项关于防止、减少或消除源于大气的海洋污染的《巴黎公约》附加议定书。同时决定，这项倡议还应包括通过相应的联合方案和措施。

关于海上废物处理。含有对海洋环境有害或可能有害物质的废物，包括污水污泥，不应倾倒入北海。

关于船舶造成的污染。为了防止海洋污染的作业排放，应建立接收设施系统，并采用全面和切实可行的使用程序。北海各国同意在海事组织内尽最大努力，使关于包装有害物质和船舶垃圾的适当国际条例（《73/78防污公约》附件三和附件五）尽快生效。加强对违反污染防治规定的行为的查处。鉴于"蒙·路易（Mont Louis）"号事故，应请海事组织考虑对因其货物性质而可能构成严重海洋污染和对海洋造成迫在眉睫的污染威胁的船舶，包括运载放射性物质的船舶，采取额外措施。会议无法就宣布北海为《防污公约》特别区域的倡议达成协议。

关于空中监视。会议认为各国应努力加强在北海地区建立不受能见度影响的空中监视系统。理想的目标应该是开发或改进机载监视系统，即使在夜间和恶劣天气下，能见度很差时也能正常工作。

关于平台的石油污染。勘探和开发的任何技术设备都应按照现有的最佳技术建造和操作。对现有平台的改进，原则上应在3年内完成。应尽可能避免或防止钻井泥浆和钻屑对海洋的污染。为了防止含油废水，应采用现有的最佳技术。对突发事件和事故应采取防范措施。

关于无害环境的技术和产品。应加强关于低废物和非废物技术、废物管理和替代品的信息和经验交流，以及在土地上回收、再处理和废物处置方面的技术合作。应商定旨在开发和引进无害环境技术、产品和替代品的条例。

关于监测方案。会议强调迫切需要加紧制定《奥斯陆公约》和《巴黎公约》两个委员会的联合监测方案并使其协调一致，以便为更好地了解北海海洋环境状况奠定基础。①

从各方对会议的反应和评估来看，北海沿岸国对第一次会议结果的反应各不相同，特别是联邦德国，在会议召开之前，公共舆论对会议抱有极高的期望，会后负面评论占主导地位。主要的批评是，对会议决定的表述不够准确，而且在大多数情况下，这些决定只载有关于未来国际活动的意向声明，因此很难为采取具体措施提供动力。

然而，如果从更现实的角度看，此次会议可以被视为是成功的。所有沿海国家负责北海事务的部长第一次聚集在同一张谈判桌上，并承诺采取联合措施。考虑到不同的生态、经济先决条件和个人利益，以及当时对北海局势的不同评价，所有

① Bundesminister des Innern of the Federal Republic of Germany. Declaration of the International Conference on the Protection of the North Sea, 1985.

与会者都确认了共同的责任和采取联合行动的必要性，就有关先行措施达成了一致意见，并决定采取进一步的协调行动。这可视为一项决定性的突破。同时，鉴于上述，沿海国有义务尽快将这些决议转化为行动，并与时俱进地进一步发展这些决议。举行后续会议的重要性更加凸显。无论如何，第一次保护北海国际会议具有开创性重要意义，它为北海有序治理奠定了良好基础。

四、北海海洋治理机制案例——瓦登海治理合作

（一）合作的背景和条件

瓦登海地区位于北海，隶属于荷兰、德国和丹麦。瓦登海被认为是世界上潮间带最大的滩涂之一，拥有丰富的贝类，包括贻贝海床和海草甸。对于每年1000万—1200万的迁徙鸟类来说，这里是至关重要的中途停留地。海洋水在河流影响中占主导地位，动态的沙滩和沙丘岛为海浪和海风提供了部分庇护。在瓦登海，大约有10000种植物、真菌和动物繁衍生息。①

然而，该地区的主要人类活动对生态系统构成潜在威胁，包括航运和港口发展，天然气的提取和运输，沙和贝壳的疏浚和开采，风电场，鱼类、蛤、贻贝和虾的捕捞，贻贝、牡

---

① Björn Baschek, Martin Gade, Karl-Heinz van Bernem, Fabian Schwichtenberg. The German Operational Monitoring System in the North Sea: Sensors, Methods and Example Data. Oil Pollution in the North Sea, Springer, 2016: 166.

蛎和鱼类的养殖，旅游业。多年来，在诸如机械捕捞、天然气勘探和开采等方面，利益相关者之间存在着一些争议。瓦登海的生态环境质量仍然受到压力，特别是来自渔业的压力，水质问题也令人关切。

瓦登海的保护和管理是在不同的层级组织的，包括国际、区域、欧洲、三边和国家层面，并通过条约、协定、指令和各种法律加以规范。不同层级之间相互联系紧密。2009年获得的联合国教科文组织世界遗产的地位没有改变保护瓦登海的法律制度。这一地位被视为该地区许多居民、组织和政府多年来所做努力的最高荣誉。该世界遗产遗址长400千米，表面积为9683平方千米，由盐沼、出现的滩涂、永久淹没的滩涂和航道、岛屿和沙洲以及北海沿海地区组成。目前，瓦登海地区总面积的66%属于世界遗产地，位于德国和荷兰。

在荷兰，瓦登海地区的自然保护地位由瓦登海关键规划决定以及1998年《自然保护法》下的指定加以保障。此外，还适用其他几项处理环境和经济问题的法案，涉及不同层级的政府。德国和丹麦选择了不同的办法，在该地区建立国家公园。在德国，瓦登海受到石勒苏益格-荷尔斯泰因瓦登海国家公园（1985年）、下萨克森瓦登海国家公园（1986年）和汉堡瓦登海国家公园（1990年）的保护。2010年，丹麦宣布其瓦登海海域的大部分地区，包括岛屿和大陆的一些堤岸湿地为国家公园。

瓦登海合作是一种三边多层次的体制框架，旨在根据自然保护区的指导原则，将瓦登海作为三个国家共享的单一生态实体进行保护和管理。尽可能建立一个自然而可持续的生态系统，使自然过程不受干扰地进行。这样做是因为认识到，只有与那些在该地区生活、工作并愿意给予保护的人合作，才能实现这一目标。

（二）瓦登海三边合作的组织结构、重点和主要成果

瓦登海三边合作的合作条件最初是在1982年于哥本哈根签署的《保护瓦登海联合宣言》（《哥本哈根宣言》）中阐述的，为合作提供了政治基础。根据该宣言，合作旨在提供一个相互协商的论坛，协调各项活动和措施，以执行有关全面保护整个瓦登海地区包括其动植物的欧共体和其他国际法律文书，并特别强调：海豹的休息和繁殖区；作为水禽的休息、觅食、繁殖或饲养场的重要区域，无论是在它们本身还是在它们的相互依赖性中。①

为了促进信息交流和协调，1987年在联邦德国设立了共同的瓦登海秘书处（CWSS），作为三边合作的秘书处。其主要任务是支持、发起、促进和协调合作活动。多年来，尽管在每次三边政府会议上发表的宣言增加了各种新内容，《保护瓦登海联合宣言》仍然是合作的政治基础。1997年，三边政府通过了瓦登海计划，瓦登海保护工作朝着综合管理和可持续利用的方向发展。该计划的共享愿景为：保持生态和物种多样性的健康环境，其生态完整性和复原力是全球责任；可持续利用；维护和加强生态、经济、历史、文化、社会和沿海保护性质的价值观，为居民和用户提供愿望和享受；综合管理人类活动，考虑到瓦登海区与邻近地区之间的社会经济和生态关

---

① The Governments of the Kingdom of Denmark. the Federal Republic of Germany and the Kingdom of the Netherlands. Joint Declaration on the Protection of the Wadden Sea, 1982.

系；一个知情、参与和承诺的社区。

2010年，1982年的《保护瓦登海联合宣言》被更新后的《保护瓦登海联合宣言》或《叙尔特（Sylt）宣言》所取代。2010年的联合宣言没有改变合作的精神或法律地位。这将仍然是三国政府之间正式但不具有法律约束力的合作。在签署2010年的联合宣言的同时，新的治理结构启动，取代了现有结构。

瓦登海三边政府理事会是合作的最高决策层，由负责环境和（或）自然保护的部长代表参与国。理事会给予政治领导，确保国际政策发展，并促进三国政府之间的协调和决策。理事会召开三方政府会议（TGC），这是合作决策的最高级别。这些会议每2—5年召开一次，是审查和推进合作的动力。

三方政府会议将由瓦登海委员会（Wadden Sea Board，WSB）筹备，瓦登海委员会是组织结构中新增加的一个元素。它是合作的理事机构，负责制定、通过和执行战略，监督业务和咨询机构，并确保与主要利益攸关方的关系。为瓦登海委员会提供咨询意见的工作组侧重于气候（TG-C）、可持续旅游战略（TG-STS）、航运（TG-S）、管理（TG-M）和世界遗产（TG-STS）领域。三方合作得到瓦登海共同秘书处的支持。

瓦登海论坛（WSF）确保利益攸关方的参与。该论坛是丹麦、德国和荷兰利益攸关方的一个独立平台，旨在促进瓦登海三边区域的先进性和可持续发展。具体而言，这意味着整合具体的跨部门和跨界战略、行动和技术，这些战略、行动和技术对环境无害、经济上可行、社会上可接受。该论坛由农业、能源、渔业、工业和港口、自然保护、旅游业以及地方和

区域政府等部门的代表组成。各国政府作为观察员出席本
论坛。

除了瓦登海论坛之外，根据《保护瓦登海联合宣言》，
2010年《瓦登海计划》（WSP-2010）构成了将瓦登海地区
作为生态实体进行综合管理的框架，并承认其景观和文化遗
产。它阐述了瓦登海三边合作的愿景，这是一个独特、自然和
动态的生态系统，具有独特的生物多样性、广阔的开放景观和
丰富的文化遗产，人人享有，并以可持续的方式为后世带来益
处。2010年的瓦登海计划提出了一系列目标以及实现这些目
标的政策、措施、项目和行动，这些目标将由瓦登海国家执
行。[①]此外，尽管承认对欧盟生态环境指令的不同解释，《瓦
登海计划》着眼于确保以透明的方式协调一致地执行欧洲
立法。该计划是在地方和区域当局及利益集团的参与下制
订的。

瓦登海政策在很大程度上依赖科学知识为有关养护和管
理的决策提供依据。科学专家不仅参与确定和监测瓦登海的自
然价值，而且参与确定经济活动对这些自然价值的影响和评价
政策。大部分科学工作是在三边监测和评估方案（TMAP）的
范围内进行的。

长期以来，三边合作是与时俱进的，其重点已从自然
保护演变为涵盖可持续利用和可持续发展的各个方面。从本
质上讲，可以区分三个不同的时期。在第一个时期（1978—
1985年），重点是信息交流和协调1982年的联合宣言规定的
措施。在第二个时期（1985—2000年），随着瓦登海共同秘书

---

① Common Wadden Sea Secretariat. Wadden Sea Plan 2010, 2010.

处的建立，在考虑到瓦登海人类活动的整个范围的情况下，对自然保护采取了更加综合的办法。这在1997年达到高潮，通过了三边瓦登海计划（WSP），其中包括一个生态目标系统，涵盖典型的瓦登海生态环境和物种以及水和沉积物，还有景观和文化目标。对于每个目标，确定了基线和目标条件，并提出了政策和管理措施。在2000年左右开始的第三个时期，综合办法得到进一步巩固和制度化，主要成就包括国际海事组织（IMO）指定瓦登海为特别敏感海区（PSSA），出版质量状况和政策评估报告，被列入世界自然遗产，以及修订之前的联合宣言和《瓦登海计划》。

多年来，三边合作为无约束力的治理安排提供了一个很好的例子，事实证明这种安排是有效的。尽管允许可持续利用，三边合作的主要重点仍是自然保护，在其职权范围内，三边合作的目标主要集中在国际协议和欧盟立法的执行上。瓦登海的荷兰和德国部分在2009年被指定为联合国教科文组织世界遗产，被认为是三边合作的一项重大成就。其他重要成果是《瓦登海计划》以及质量状况和政策评估报告。

多年来，三边合作在适应其目标和政策以适应新的发展方面显示出灵活性，从而产生了新的联合宣言和2010年的《瓦登海计划》。三边合作的另一个优势在于，认真审查其自身的功能，产生了新的治理结构，职责划分更加明确。最重要的是，增加了新的管理机构——瓦登海委员会。此外，实施了更好的结构化计划、报告和评估周期。尽管在决策结构中还没有正式的立场，但瓦登海论坛在利益相关者的参与中获得了很好的保证。通过提供信息交流与协调论坛，三边合作为各国的工作提供了重要的附加值。

本章小结

本章节阐述了北海海海洋治理区域合作的主要机构和运行机制，并以第一次北海会议、瓦登海治理合作为案例，进一步论述北海海洋治理机制。

成立于1989年的北海委员会是北海海海洋治理区域合作的主要机构之一。该委员会具有代表区域政治层面的独特作用，与欧盟机构、各国政府和其他组织就北海有关问题保持密切联系，通过对话和正式的伙伴关系，寻求促进共同利益，以应对北海带来的挑战和机遇。该委员会重点聚焦海洋资源、运输、能源与气候变化、有吸引力且可持续发展的社区四个主题，开展国际合作的政策制定、政治游说、跨国项目开发和实践交流。该委员会的主要工作目标有二点：一是促进和提高人们对北海地区作为欧洲主要经济实体的认识；二是成为开发和获取联合发展倡议资金的平台；三是游说一个更好的北海地区。

"欧盟战略创新计划"北海地区项目（Interreg North Sea Region）旨在帮助企业、公共行政机构、非政府组织和其他机构汇集专业知识、分享经验并开展合作，解决该地区共同面临的问题。该项目的总体目标是支持整个地区的经济增长和可持续发展。

由比利时、丹麦、法国、德国、荷兰、挪威、瑞典、瑞士和英国政府参与，以保护北海海洋环境为初衷的北海会议

（North Sea Conferences），是北海地区国家部长级会议机制。历次北海会议在协调开展区域合作、加强北海海洋环境保护方面发挥了重要作用。

北海海洋治理主要涵括区域管理、协调、监测等性质的运行机制，多数北海治理机构同时具有多种运行机制。主要的北海治理机构之间建立了伙伴关系，就有关问题保持沟通协调。

第四章

北海区域内外海洋政策的作用

北海海洋治理与北海沿岸国政府和国际组织的海洋政策及其作用发挥密不可分，北海沿岸国海洋政策在北海海洋治理中起到风向标作用，欧盟在推动北海海洋治理区域合作方面发挥着不可替代的重要作用，其他国际组织也促进了北海海洋治理区域合作。

一、北海沿岸国海洋政策
在北海海洋治理中的作用

在全球海洋治理中，国家政府是核心主体；同样，在北海海洋治理中，沿岸国有关海洋政策立场具有重要的导向性和示范性作用，往往可以向其他治理主体发出合作信号，引导合作方向，凝聚合作共识，挖掘合作潜力。北海沿岸国海洋政策立场有很多相通之处，但在整体性、涵盖面和侧重点等方面也有差别，尤其是在影响北海海洋治理的海洋空间规划领域，各有特点且进度不一。

（一）英国：立法先行推进海洋空间规划

虽然英国早在2002年即提出海洋环境空间规划，但它现在才开始实施海洋规划。英国没有利用已有的主管部门来启动海洋规划，而是用了五年时间通过国家立法——2009年的《海洋和沿海准入法》（简称《海洋法》），授权进行海洋规划。该法案还设立了海洋管理组织（MMO），负责英国领海的海洋规划。海洋管理组织的工作包括：设计一个适合实施海

洋规划的规划程序；与利益攸关方合作，将所有当前的海洋活动和未来的活动纳入一项综合计划，并取得平衡；为每个海洋规划区制订一项海洋计划；定期监测和审查计划。[①]该法没有规定海洋计划的结构和详细内容。作为非部门性的公共机构，海事管理组织有责任规定英格兰海域海洋计划的最终结构和内容，负责协调各项计划，并确保与能源和气候变化部（DECC）、交通部等中央政府部门达成协议。

2011年发布的《英国海洋政策声明》是编制海洋计划和作出海洋环境治理决定的框架。它有助于实现英国所有海域的可持续发展。英国政府以及苏格兰、威尔士、北爱尔兰政府已共同采纳该政策声明。这是实现英国政府共同愿景的关键一步，朝着拥有"清洁、健康、安全、富饶和生物多样性的海洋"目标迈进。该政策声明明确指出，海洋规划过程将基于"生态系统方法"，并将通过基于生态系统的方法管理对海洋区域的竞争性需求。[②]

《海洋法》要求英国政府和权力下放的行政部门为《海洋政策声明》所涵盖的所有地区制订海洋计划。海洋计划详细规定了如何在当地实现《海洋政策声明》的目标，并就如何管理这些地区的海洋活动和资源提供指导。这些计划提供了空间指导，规定了最有可能对不同活动给予同意的区域。计划需要以证据为基础，并为利益攸关方提供尽可能多的确定性，同时认识到它们需要随着时间的推移而调整，以应对不断变化的环境。计划的起草也要考虑到不同活动的潜在累

---

① Parliament of the United Kingdom. Marine and Coastal Access Act 2009, 2009.

② HM Government. UK Marine Policy Statement, 2011.

积影响。

在制定海洋规划时，相关政府必须发布"公众参与声明"（SPP），规定利益相关者如何参与规划的制定，以及如何对规划提出意见。SPP是《海洋法》的一项法律要求，必须在海洋规划过程开始前公布。

《海洋法》还创建了一种新型的海洋保护区，称为海洋养护区（MCZ）。海洋养护区保护国家重要的海洋野生动物、生境、地质和地貌。海洋养护区项目的重点是在英格兰近岸水域以及邻近苏格兰、威尔士和北爱尔兰的近海水域选择更多的海洋养护区。选址不仅要保护稀有和受威胁的生物，还要保护具有代表性的海洋野生动物。

2013年11月，英国政府宣布在英格兰近岸水域以及苏格兰和威尔士近海水域指定27个海洋养护区，并概述了未来区域的计划。2015年在英国水域指定了第二批23个海洋养护区。一旦海洋养护区被政府正式指定，海洋管理组织就会与近岸渔业和海洋保护部门一起负责监测和执行这些区域的养护任务。海洋管理组织还负责监督英格兰周边的所有捕捞活动，因此能够很好地确保特定区域的限制得到遵守。

海洋计划区域涵盖近岸和离岸海洋区域。海洋规划将从其通过之日起持续20年的时间，但也可以在适当的情况下超越这一期限，例如，适应气候变化需要更长的规划期限。

根据《海洋法》，气象组织必须审查海洋计划的效果和有效性，并在每项计划通过后至少每三年报告一次审查情况。报告将包括在实现海洋计划和总规划过程中为该地区设定的任何目标方面的进展。报告必须公布并提交给议会。在提交每份报告后，决定是否需要修改或替换该计划。[①]

在英国，法定的海洋规划制度与许多现有的部门规划程序并存，而不是取而代之。例如，英国的石油和天然气勘探及开发规划由能源和气候变化部（DECC）负责，海洋保护区的规划由国家行政部门中的自然保护部门负责。部门规划方法的延续限制了海洋规划所能实现的整合程度，大多数规划政策与原有部门规划中的现有政策和要求相联系。

（二）法国：以"海洋增强计划"推进海洋空间规划

法国拥有超过1100万平方千米的海域（含海外领土）和世界上第二大专属经济区。法国已宣布在北海、英吉利海峡和大西洋沿海建立专属经济区，但没有宣布地中海专属经济区。

法国虽然是一个海洋国家，但是不像英国和荷兰那样有一贯的海洋雄心。因此，发展海洋活动并不总是国家的优先事项，法国也没有制定出完整的目标明确的海洋政策。

在环境领域，法国通过了一项关于生物多样性的国家战略，其中包含一项具体的海洋行动计划。该行动计划试图将各级政府主管部门采取的行动整合到一个统一的框架中。在目前的发展阶段，它与其说是一项行动计划，不如说是一项战略行动计划。

法国管辖范围内的水域管理在很大程度上都是中央政府的责任。然而多年来，沿海和近岸活动的责任已由地方当局和利益相关者共同承担。

---

① Parliament of the United Kingdom. Marine and Coastal Access Act 2009, 2009.

虽然已经采用了一些规划手段来促进和加强沿海地区的空间规划，但它们主要适用于陆地活动。迄今为止，法国海岸线附近海域人类活动的管理并不统一，其特点是采取部门管理的办法，有几十个部门参与。与许多重要的海洋国家不同，法国没有制定全面的海洋立法。

不过，法国确实有使用空间规划工具的历史，这些工具被称为"海洋增强计划"（schémas de mise en valeur de la mer，SMVM），并在法国存在了至少30年。20世纪60年代和70年代，法国制定了区域海洋海岸线的规划程序，建立了帮助海洋利用规划的首批工具。"海洋增强计划"旨在确定解决沿海冲突的长期指导方针，目的是在充分考虑环境保护需要的同时，确保沿海活动的共存和发展。"海洋增强计划"包括对海洋区域影响明显的沿海地区，在海洋方面可以延伸到12海里的界限。"海洋增强计划"的实施程序包括一个由民选官员和所有利益相关者（部门代表和专家）参与的发展阶段，最后由国家代表批准。法国海洋空间规划进程的主要特点包括：多个伙伴的合作；采用环境和社会经济原则；寻求制定长期准则，以解决冲突，并在发展的期望和保护的要求之间找到平衡。

可以从法国的做法中吸取一些经验教训。（1）项目发展阶段所需的时间应足够长，以便海洋利益攸关方充分参与，但不要长到需要几十年；（2）该进程需要确保利益攸关方具有良好的代表性和稳定性；（3）需要确保自上而下（政府）和自下而上（利益攸关方）决策层投入的平衡；（4）需要在一个高度结构化的数据库（如地理信息系统）中制作、组织和分享利益攸关方的科学信息。

法国的海洋空间规划正在以部门而非综合的方式推进，

包括海洋能源区的划定、海洋公园等生物多样性的空间保护措施。法国的利益攸关方通过欧盟资助的PISCES项目参与了海洋空间规划试点倡议的第一阶段，该项目涵盖法国领水的东北大西洋部分和凯尔特海。[①]尽管真正的综合海洋空间规划进程尚未开始，但法国政府已开始执行欧盟《海洋战略框架指令》。现有不同的工作小组进行运作，其中包括大西洋和地中海海洋理事会。这个协商机构将负责法国未来的海洋空间规划实施工作。

（三）比利时：由"分区规划"走向"综合规划"

比利时是最早实施涵盖其领海和专属经济区的可操作、多用途海洋空间规划系统的国家之一。北海比利时部分的面积约为3600平方千米，其海岸线长66千米。尽管面积不大，比利时的海洋和沿海地区却得到了密集的使用。

比利时在"总体规划"中采用分区的方式，为特定的海洋用途分配海洋空间。第二个规划阶段确定了海洋保护区的地点。该规划只允许在确定的区域内为特定类型的活动发放许可证和执照，并接受监督和评估。

比利时海洋空间规划的主要驱动力来自于对近海风能的需求以及欧盟对养护具有生态和生物价值地区的要求。比利时的海洋空间规划旨在实现经济和生态目标，包括开发海上风电场、划定海洋保护区、制订可持续开采砂石的政策计划、绘制海洋生境图、保护对生物多样性有价值的沉船以及管理影响海洋环境的陆地活动。这些目标共同构成了"总体规划"

---

① http://www.projectpisces.eu.

的基础。

自2003年以来,"总体规划"一直在逐步实施,并形成了一个更加多样化的砂石开采分区系统,其中包括新的管理区,按顺序轮流开采最密集的区域,在鱼类产卵季节禁止开采的季节性禁区,以及审查未来潜在用途的勘探区。

2014年3月20日,比利时通过皇家法令批准了北海比利时部分新的海洋空间计划。比利时北海政策国务秘书曾于2010年在一份政策说明中指出,应采取举措,将海洋空间规划进程放在政策议程的重要位置。在之后几年里,环境总局海洋环境司根据《海洋环境法》(全称《比利时管辖海域海洋环境保护和海洋空间规划组织法》)的新授权[1],领导了制订新计划的工作。

新计划规定了比利时领海和专属经济区管理的原则、目标、长期愿景以及空间政策选择。管理行动、指标和目标涉及海洋保护区和人类使用管理,包括商业捕鱼、近海水产养殖、近海可再生能源、航运、疏浚、沙石开采、管道和电缆、军事活动、旅游和娱乐以及科学研究。经过向新成立的海洋空间规划咨询委员会咨询,以及专家协商、利益攸关方参与和编写计划的战略环境评估,部长理事会于2013年批准了计划草案和未来的空间愿景。比利时还与荷兰、法国和英国进行了磋商。该计划每6年审查一次,具有法律约束力。

比利时的海洋空间规划已从主要基于部门利益、没有法律权威、实为分区规划的"总体规划",演变为具有强大法律

① Belgian Federal Parliament. Marine Spatial Plan for the Belgian Part of the North Sea, 2014.

权威的综合、多用途规划。

（四）荷兰：促进海洋空间有效利用

北海荷兰部分的面积约为58000平方千米，超过荷兰陆地面积，是世界上使用最频繁的海域之一。2005年，荷兰住房、空间规划和环境部在其国家空间规划政策文件中首次公布了北海相关章节。荷兰海洋空间规划政策旨在防止碎片化，促进空间的有效利用，同时给予私人当事方在北海发展自身举措的可能性。在"北海综合管理计划2015"（IMPNS 2015）中对这一总体目标进行了更详细的阐述，主要概括为：（1）通过空间管理培育"健康的海洋"；（2）通过空间管理培育"安全的海洋"；（3）通过空间管理培育"有益的海洋"。

荷兰政府最初选择海洋空间规划方法时，只在诸如航道、军事演习、生态价值区等必要的地方定义"使用区"。这种方法给予私营部门相当大的自由度，让他们在一定的限制条件下开展活动。空间规划被认为是促进可持续利用的一种手段，同时为私营部门的举措留出尽可能大的余地。

2009年，荷兰政府制定了更具战略性和前瞻性的北海政策文件，更加注重空间发展。该政策文件现在是国家水资源计划（NWP）的一部分。它详细说明并论证了关于人类利用北海的政策选择及其在国家水资源计划中的实施。

2010年，国家水资源计划基于《荷兰空间规划法》的战略框架，取代了国家空间战略的某些政策部分，包括北海空间规划。该计划于2015年更新并由内阁批准。它包括2016—2021年关于北海的政策文件，规划了荷兰2050年的长期愿景，并纳入了符合欧盟新的海洋空间规划指令（2014年7月第2014/89/

EU号指令）的海洋空间规划。①

　　由于海上风电场和海洋保护区等新的用途需要海洋空间，因此对综合空间规划的需求变得尤为迫切。虽然一些海洋空间使用将保持在目前的水平，但预计矿产开采、水上运动娱乐、海上风电场、自然保护以及可能的海洋养殖在海洋空间使用需求量上将有相当大的增长。近来，对气候变化引起海平面上升的关切进一步激发了对海洋空间管理的讨论。

（五）德国：以一套准则为基础推进海洋空间规划

　　德国专属经济区面积约33100平方千米，其中北海约28600平方千米，波罗的海约4500平方千米。2005—2009年，德国联邦海事和水文局为德国北海和波罗的海专属经济区起草了多用途海洋空间规划及相关环境报告。

　　德国的海洋空间规划以《联邦土地利用规划法》为基础，该法已扩展到专属经济区。12海里以内领海的空间规划由德国各州制定。德国的规划具有规范性和可执行性。北海联邦规划于2009年9月生效，波罗的海联邦规划于2009年12月生效。

　　许多大型海上风电场的建议刺激了德国的海洋空间规划。而这些建议和项目申请本身是由风电发电的补贴保证所引发的。各种项目提案在空间上是重叠的，引起了对海洋环境和

---

① The Dutch Ministry of Infrastructure and the Environment & The Dutch Ministry of Economic Affairs. Policy Document on the North Sea 2016−2021, 2015.

航运等其他重要用户影响的关注。①

在德国的海洋空间规划进程中，为保持航运业的竞争力作出了特别努力。构成分道通航制的主要航道以及经常通行的航道形成了整个海洋空间规划的基本框架。专属经济区的其他用途也与这一框架保持一致。通过最大限度地减少航运障碍，这一程序有助于提高航行的安全性和效率。

德国的海洋空间规划以一套准则为基础，主要包括：确保和加强海上交通；通过有序的空间开发和空间利用优化，强化经济能力；根据联邦政府的可持续发展战略，促进海上风能利用；通过用途的可逆性、空间的经济性利用、海洋专项用途的优先性，长期保障和利用专属经济区的特殊性和潜力；通过避免对海洋环境的干扰和污染来确保自然资源。

在德国，联邦各州负责在陆地和沿海水域（即12海里区域）内执行欧盟自然保护区网络（Natura 2000）的规定。在沿海水域向海延伸的专属经济区，由联邦环境、自然保护和核安全部（Bundesministerium für Umwelt, Naturschutz, Bau und Reaktorsicherheit-BMU）和联邦自然保护局（Bundesamt für Naturschutz-BfN）代表的联邦政府负责。

（六）丹麦：经济增长是海洋空间规划的重点

丹麦专属经济区和领海的总面积约为105000平方千米。丹麦暂时没有一个全面的海域空间规划，但正在着手制定。已有关于能源基础设施、渔业和自然保护等一系列部门计划。这

---

① Cormac Walsh, Andreas Kannen. Planning at Sea: Shifting Planning Practices at the German North Sea Coast ［J］. Spatial Research and Planning, 2019, 77（2）: 149.

些部门计划将用于新的海洋空间规划，该规划将适用于海洋内水、领海和专属经济区。

丹麦议会通过了《海洋空间规划法》，为丹麦海域的海洋空间规划建立了一个框架。该法的目的是促进经济增长、海洋区域开发和可持续地利用海洋资源。该法旨在促进实现海洋空间规划的目标，同时考虑到陆海互动和加强跨界合作。

将被纳入未来海洋空间规划的部门领域包括能源、海上运输、渔业和水产养殖，原材料的开采，环境的维护、保护和改善，对气候变化影响的复原力。军事活动、文化遗产、沿海水域使用的市政计划等将不受该规划的约束，但该规划将考虑到这些问题。经济增长是丹麦海域海洋空间规划的重点。

（七）瑞典：以《海洋空间规划条例》规范规划进程

瑞典海域面积约13万平方千米，其中，领海约7万平方千米，专属经济区约6万平方千米。目前瑞典没有涵盖领海和专属经济区的国家海洋空间规划，但瑞典自2014年9月起就开始了国家海洋空间规划的立法。2015年政府通过了《海洋空间规划条例》，规范了瑞典海洋空间规划的进程。

《瑞典环境法典》和《规划与建筑法》构成了瑞典海洋空间规划的法律基础。县级层面正在编制三个涵盖领海和专属经济区的规划，即涉及北海、波罗的海和波的尼亚湾。县级行政委员会对国家利益起着协调作用，还将对规划进行控制和检查。《海洋空间规划条例》规范了海洋空间规划进程，并载有关于地理边界、海洋空间规划内容、编制、协商和审查责任的规定。瑞典海洋和水资源管理署负责管理专属经济区。[①]

（八）挪威：实施涉北海"综合管理计划"

挪威没有针对其所有专属经济区的单一计划，而是将其专属经济区分为三个区域：巴伦支海、挪威海和北海，这三个区域加起来覆盖了挪威整个2385000平方千米专属经济区。

挪威的海洋区域管理计划确立了总体政治和战略框架以及各经济部门管理行动的指导方针，并描述了为保护和可持续利用这些区域而实施的管理行动。2009年的《自然管理法》和2009年的《海洋资源法》为管理海洋区域和根据立法必须或可能实施的管理行动提供了总体法律框架，涉及宗旨、目标和原则。[②]

与挪威海和巴伦支海相比，北海受人类活动的影响更大。这些海域拥有世界上最繁忙的一些航运路线，并支持密集的渔业及大规模的石油和天然气工业。气候变化和海洋酸化预计将在未来产生越来越大的影响。2013年完成并实施了北海-斯卡格拉克地区挪威部分的综合管理计划，该计划与巴伦支海和挪威海的计划方法类似。

① VASAB, Country Fiche Sweden, 2020: 4.

② Norwegian Parliament. Act Relating to the Management of Wild Living Marine Resources, 2009.

二、欧盟海洋政策在北海海洋治理中的作用

欧盟是当今世界区域合作的成功典范。从纵向上看,欧盟区域合作组织体系形成了超国家、国家、跨地区、跨国界等层级,各层级权利平衡,利益表达机制顺畅。从横向来看,欧盟的区域协调组织在整个区域合作政策的制定、实施和反馈过程中扮演着重要角色,这日益体现了公共部门、私人机构和第三部门的"合力"。[①]欧盟在全球海洋治理领域走在前列,欧盟坚持以《联合国海洋法公约》(UNCLOS)作为全球海洋治理的主要法律依据,长期致力于解决海域管理分散造成的一系列问题。[②]欧盟是北海海洋治理区域合作机制重要的协调方和参与方,欧盟相关政策直接或间接影响北海区域合作规则制定和实施开展。

(一)欧盟沿海和海洋政策

欧盟成立之初便意识到陆地和海洋污染源给欧洲海洋和沿海环境带来的巨大压力,同时也意识到,保护海岸和海洋水域面临复杂和多方面的问题。在这样的认知背景下,欧盟在

---

① 王再文,李刚.区域合作的协调机制:多层治理理论与欧盟经验[J].当代经济管理,2009(9):49-50.

② Jesper H. Andersen, Andy Stock, Stefan Heinänen, Miia Mannerla, Morten Vintherp. Human Uses, Pressures and Impacts in the Eastern North Sea[R]. Aarhus University, DCE-Danish Centre for Environment and Energy, 2013: 7.

许多相关领域就海洋环境保护进行立法并逐步实施。例如，通过共同渔业政策（CFP）进行渔业监管，通过水框架指令（WFD）控制向水中输入营养和化学物质。上述这些法律工具在海洋水域保护工作中扮演着补充性角色，但往往仅限于在特定压力下才付诸落实并发挥作用，而采取的相关措施也是部门性的和零散的，缺乏统筹协调。

上述问题催生出两份重要政策和法律文件，即2002年欧盟委员会发布的《海岸带综合管理建议书》和2008年发布的《海洋战略框架指令》。二者为保护欧洲沿海和海洋水域提供了全面的综合性途径。①

（二）欧盟综合海事政策

欧盟综合海事政策（IMP）的目的是实现与海洋环境相协调的海洋全部经济潜力，该政策于2007年10月提出。这是此类政策第一次将影响海洋的所有部门聚集在一起，力求为海事问题提供更协调一致的方法，并在不同政策领域之间加强协调。②它着重关注不属于单一部门政策的问题，如"蓝色增长"（基于不同海事部门的经济增长）；需要不同部门和行为者协调的问题，如海洋知识。具体来说，它涵盖的跨领域策略包括蓝色经济增长、海洋数据和知识、海洋空间规划、海上综合监视、海盆战略。它寻求协调而不是取代特定海事部门的政策。

---

① https://ec.europa.eu/environment/marine.

② Lawrence Juda. The European Union and Ocean Use Management: The Marine Strategy and the Maritime Policy［J］. Ocean Development & International Law, 2007, 38: 271.

综合海事政策的意义如下。首先，关注以海洋为中心的产业与人类活动之间的相互联系。无论是航运和港口、风能、海洋研究、渔业还是旅游业，一个地区的决定都会影响其他所有地区。例如，海上风电场可能会中断运输，进而影响港口。其次，通过鼓励主管部门跨策略领域共享数据并进行合作（而不是在同一问题的不同方面单独进行工作）来节省时间和金钱。第三，在各级政府的决策者之间建立紧密的合作关系，这些决策者包括欧洲内外的国家海事主管部门、区域和地方主管部门以及国际海事主管部门。许多国家正在意识到这种需求，并朝着更加结构化和系统化的合作迈进。[①]

（三）欧盟《海洋战略框架指令》

为更有效地保护整个欧洲的海洋环境，欧盟于2008年6月17日通过了雄心勃勃的《海洋战略框架指令》（*Marine Strategy Framework Directive*）。欧盟委员会还制定了一套详细的标准和指南，以帮助会员国实施这一指令。2017年，欧盟委员会发布关于良好环境状况（Good Environmental Status）的决定，修订了有关标准的条款。委员会还修订了指令附件三的内容，更好地将生态系统组成、人为压力、对海洋环境的影响同指令的11个相关指标以及关于良好环境状况的决定联系起来。《海洋战略框架指令》是欧盟综合海事政策（IMP）的环境支柱。[②]如果要按计划落实综合海事政策，则成功实施这一

---

① https://ec.europa.eu/maritimeaffairs.

② Johnny Reker. Constança de Carvalho Belchior and Trine Christiansen, Marine Messages: Our Seas, Our Future—Moving towards a New Understanding. Luxembourg: Publications Office of the European Union, 2014: 7.

指令至关重要。

《海洋战略框架指令》要求会员国在制定其海洋战略时，利用现有的区域合作架构相互协调，并在行动上尽力与同一区域或次区域的第三国进行协调。欧洲现有的区域合作架构主要是指四个区域海洋公约，即《东北大西洋保护海洋环境公约》《波罗的海地区保护海洋环境公约》《保护海洋环境和地中海沿岸区域公约》《保护黑海公约》。《海洋战略框架指令》中的许多条款都确保该指令的实施基于区域海洋公约的有关行动。尤其是该指令第六条要求成员国使用区域海洋公约的体制结构和活动来促进指令的实施。该指令还确保在制定海洋战略的所有阶段都考虑到区域海洋公约和其他国际协议。在制定关于良好环境状况的标准和指南时，委员会需要考虑到区域海洋公约。①

（四）海洋空间规划

日益增长的航运交通和海上风电场的发展，导致海洋用户之间的竞争日益激烈。海洋规划的关键挑战是在不同的用户利益之间以及在"蓝色增长"和确保良好的环境标准之间找到平衡。②需要采取协调一致的办法，考虑跨界问题，以确保国家和欧盟政策的有效性。

协调一致的计划和政策旨在确保有效利用空间和现有资

---

① https://ec.europa.eu/environment/marine.

② Peter J. S. Jones, L. M. Lieberknecht, W. Qiu. Marine Spatial Planning in Reality: Introduction to Case Studies and Discussion of Findings［J］. Marine Policy, 2016, 71: 261.

源。①由于沿海地区是陆地和海洋系统之间的"枢纽",因此海洋空间规划和综合沿海地区规划（ICZM）之间的密切整合和协调也是至关重要的。如果要实现真正的综合海事政策,就需要北海周围所有用户和区域之间展开对话。作为世界上使用最多的海盆之一,北海是一个理想的试点系统,供利益攸关方参与。在这一进程中,各区域可以发挥关键作用,因为它们了解当地条件和挑战,并与主要利益攸关方密切对话。

随着可再生能源设备、水产养殖及其他用途的海上空间竞争日益突出,欧盟意识到需要更加协调地管理相关海域,以确保海上人类活动以有效、安全和可持续的方式进行。②在此背景下,欧洲议会和理事会于2014年通过海洋空间规划（MSP）指令,以立法形式为欧洲海洋空间规划创建通用框架,推动开展跨边界和跨部门相关工作。

海洋空间规划的积极效应主要体现为以下几点:一是减少部门之间的冲突,并在不同活动之间产生协同作用;二是通过建立可预测性、有透明度和更清晰的规则来鼓励投资;三是加强欧盟国家之间的跨境合作,开发和建设能源电网、航道、管线、海底电缆等,统筹保护区的发展;四是通过及早发现影响、抓住空间利用的机会来保护环境。

欧盟于2016年启动海洋空间规划援助机制,旨在为欧盟国家实施海洋空间规划立法提供行政和技术支持。欧盟开辟专门网站,为成员国提供有关现有海洋空间规划做法、流程和项目的信息、问答服务、技术研究等。欧盟资助了一系列海洋空

---

①② Andrus Meiner. Integrated Maritime Policy for the European Union—Consolidating Coastal and Marine Information to Support Maritime Spatial Planning［J］. Journal of Coastal Conservation, 2010, 14（1）: 4.

间规划的跨境项目，涉及北海地区的主要是"北海能源战略环境评估（SEANSE）"项目。该项目开发并测试了战略环境评估的通用方法，聚焦可再生能源，并为北海海上空间计划的部署提供支持。①

（五）欧盟关于国际海洋治理的联合声明

2016年，欧盟委员会和欧盟高级代表就海洋的未来制定了一项联合议程，提出了50项行动，以确保欧洲及世界各地的海洋安全、清洁和可持续管理。关于全球海洋治理的联合交流建立在广泛共识的基础上，即必须加强全球海洋治理框架构建，减少对海洋的压力以及必须可持续利用海洋。议程还强调，要实现这些目标，必须对海洋有更多更好的了解。

欧盟委员会在综合考虑现有欧盟海洋政策（如欧盟海上安全战略、北极一体化政策）的基础上，发表了《国际海洋治理：我们海洋的未来议程》的联合声明，共包含三大优先领域和14项具体行动计划。联合声明提出了欧盟可以在全球和地区层面上，在塑造海洋管理和利用方式中发挥更大作用，并列出了在三个优先领域中形成国际治理的详细行动：一是改善全球海洋治理框架，二是为减轻人类活动对海洋的压力和发展可持续的蓝色经济创造条件，三是加强海洋研究国际合作和发展欧盟蓝色数据网。欧盟将与其他国际伙伴加强合作，通过联合行动，在管理国家管辖海域外区域和执行已达成的可持续发展目标（如到2020年海洋保护区面积达到全球海洋面积的10%的目标）等方面，进一步发展和深化现有的全球海洋治理模式，确

---

① https://ec.europa.eu/maritimeaffairs.

保国际海洋治理目标的达成。欧盟委员会将致力于加强海洋领域行动，确保国家与国际层面相关承诺的达成。欧盟将加强多边合作，继续加大打击非法捕捞活动的力度，并将通过卫星通信建立监管全球非法捕捞活动的试点项目。在海洋垃圾污染方面，欧盟将在"循环经济行动计划"框架下，发起应对海洋垃圾的行动计划，预计到2020年将至少减少30%的海洋垃圾。欧盟这项联合声明指出，目前90%的全球海底仍未被人类探知，只有不到3%的全球海底被开发用于人类经济活动。为了可持续地开发利用海洋资源以及减轻人类活动对海洋的压力和扰动，国际社会需要加大对全球海洋的认知和研究力度。为此，欧盟将进一步发展欧盟蓝色数据网、欧洲海洋观测和数据网等海洋研究网络，并将其扩展成为全球范围内的海洋数据网络。

该联合声明是欧盟对联合国《2030年可持续发展议程》，特别是"可持续发展目标14：保护和可持续利用海洋"的回应。它基于欧盟主席容克赋予维拉专员的政治授权——参与在联合国、其他多边论坛中以及在与全球主要合作伙伴的双边合作中塑造全球海洋治理。

三、其他国际组织的海洋政策
在北海海洋治理中的作用

（一）总体情况

欧洲缔结了四个区域海洋公约，其中与北海海洋治理密切相关的当属《保护东北大西洋海洋环境公约》（即《奥斯巴公约》，OSPAR）。1992年缔结的这个公约是指导国际合作保护东北大西洋海洋环境的法律文书。公约的相关工作由奥斯巴委员会负责，该委员会由15个缔约方政府代表和代表欧洲联盟的欧盟委员会组成。

20世纪60年代末和70年代初被认为是环境思想的变革时期。这一时期举行了一系列政府间谈判，例如，1972年在瑞典斯德哥尔摩举行的联合国人类环境会议的所有谈判都集中在海洋污染问题这个主题上。引起这种关注的主要原因是1967年的"托雷峡谷"号油轮漏油事故，这一事故导致人们更加重视防止意外污染和合作处理这种污染。为此，就有了1969年6月9日的《波恩协定》。

1971年发生一起涉及装载6501吨化学废物的荷兰货轮"斯特拉·马里斯（Stella Maris）"号事件后，关于海上倾倒废物的国际决策进程也取得了进展。围绕防止在北海北部倾倒废物的意图所开展的大规模宣传非常清楚地表明，缺乏防止倾

倒的国际法规。因此,"斯特拉·马里斯"号受到一段时间的
国际舆论的谴责,被迫越过北海,最终将其装载的化学废物退
回鹿特丹港。后来,经过多次双边和多边协商,挪威政府主动
召开了一次国际会议,就海上倾倒废物问题作出决定,并于
1972年2月15日在奥斯陆缔结并签署了《防止船舶和飞机倾倒
造成海洋污染公约》(即《奥斯陆公约》)。

《奥斯陆公约》的基本原则是明确倾倒黑名单物质,并严
格控制其他(灰名单)物质的倾倒。[①]这为建立保护东北大西
洋区域海洋环境的结构迈出了第一步。随后不久缔结了一项
覆盖全球的公约——《伦敦倾废公约》。

《奥斯陆公约》序言指出,海洋污染有许多来源,包括通
过河流、河口、出口和管道的排放。因此,毫无疑问,这些国
家已经考虑继续解决更复杂的问题——防止陆地来源的污染。
此后,1974年在法国巴黎缔结了《巴黎公约》。

在人们日益提高的环境意识影响下,以斯德哥尔摩会议
为催化剂,20世纪70年代缔结了更多的环境公约。关于防止海
洋环境污染,可以认为,《奥斯陆公约》和《巴黎公约》的概
念是制定保护其他海域框架的基础,如波罗的海(《赫尔辛基
公约》,1974年)、地中海(《巴塞罗那公约》,1975年)和
环境署区域海洋方案所涵盖的其他海域。

奥斯陆委员会在其第一个十年讨论了许多措施,特别是
有关倾倒工业废物和疏浚物。在此之后,人们也注意到要解决
在海上焚烧废物的问题,为此,1983年对《奥斯陆公约》进行

---

① 1972 Convention for The Prevention of Marine Pollution by Dumping from Ships and Aircraft, 1972.

了修正，形成了《防止船舶和飞机倾倒造成海洋污染公约修正议定书》（1983年）。

《巴黎公约》旨在通过限制排放中的某些物质和制定环境标准、监测海洋环境中存在的排放物以及管制含有污染物质的产品制造或使用来控制许多污染源。巴黎委员会第一个十年的重要议程就是主要针对氯碱工业、近海工业和炼油厂排放的管制。1986年巴黎委员会还对《巴黎公约》进行了修正，以扩大工作范围，包括大气来源对海洋的污染问题，形成了《巴黎公约修正议定书》（1986年）。

奥斯陆委员会和巴黎委员会的执行机构得到了同一秘书处的支持，从一开始就进行了非常密切的合作。这两个委员会还合作拟订和执行联合监测方案，表现出两个委员会工作之间的明显平衡。虽然工作组的数量相对较少，但秘书处设法以较少的工作人员去完成任务，因此做了很多工作。1992年，奥斯陆委员会和巴黎委员会联合召开部长级会议，《奥斯巴公约》缔结，奥斯巴委员会正式成立。

根据其《2010—2020年东北大西洋环境战略》（NEAES），奥斯巴委员会正在推进实施相关的工作，涉及生态系统路径（NEAES战略第一部分）和五项主题战略（富营养化、有害物质、放射性物质、近海石油和天然气行业、生物多样性和生态系统，即NEAES战略第二部分），以应对在其职权范围内已发现的主要威胁。跨领域的联合评估与监测计划（JAMP）参与上述工作。

在每个主题下，奥斯巴委员会都开展与监测评估海洋环境状况有关的工作，其结果将用于跟进战略的实施以及海洋环境受到的积极影响。各主题的委员会根据缔约方的提案制定方案和措施。自最近一份《奥斯巴公约质量状况报告》（2010年）发布以来，奥斯巴委员会一直与其他区域海洋公约和欧盟委员会合作开发评估工具，如海洋环境状况指标。2017年，奥斯巴委员会发布其基于指标的中期评估报告（IA 2017），包含了42项指标评估中每项的关键信息，为将来报告整个东北大西洋的状况和趋势奠定了基础。

《奥斯巴公约》组织和欧盟保持着良好的合作。欧盟《海洋战略框架指令》的目标是通过采用基于生态系统方法的海洋战略，至2020年实现海洋水体的良好环境状况，这与《奥斯巴公约》的目标和路径非常相符。对于同时为《奥斯巴公约》缔约国的欧盟成员国，欧盟委员会鼓励其在《奥斯巴公约》有关工作中兼顾实施需要区域协调的《海洋战略框架指令》。委员会还通过《奥斯巴公约》支持北极环境保护。[1]

《奥斯巴公约》组织与北海会议机制合作密切。为了确保履行各届北海会议的各项承诺，北海会议成员国邀请奥斯巴委员会通过与欧盟合作，共同推动对相关落实情况的定期跟进。

奥斯巴委员会定期审查北海会议承诺的执行进度。奥斯巴委员会已向北海会议成员国发布了有关2002年《卑尔根宣言》后续行动的全面综合报告，以及关于北海生态质量目标实施情况的特别报告。2009年，奥斯巴委员会发布了关于北海会议承诺执行进展的第二次全面审查报告，在2010年《奥斯巴公约》部长级会议之前向北海会议成员国通报了有关情况。[2]

---

[1] https://ec.europa.eu/environment/marine/international-cooperation.

[2] https://www.ospar.org.

（二）《奥斯巴公约》与北海会议之间的互动

北海会议与《奥斯陆公约》和《巴黎公约》的工作之间长期存在着密切和必要的关系。事实上，部长宣言直接要求奥斯陆委员会和巴黎委员会将其决定纳入委员会的框架，并将这些决定转化为实际行动。然而，必须注意到这两个框架在法律地位上的差异：北海会议的部长级宣言在法律上没有约束力，这些公约提供了将这些决定转化为具有法律约束力的决定的可能性。

还必须认识到，参加奥斯陆委员会和巴黎委员会的国家多于参加北海部长级会议的国家。由于良好而特殊的关系，部长们就北海地区达成协议后，东北大西洋地区委员会很快就可以达成协议。

在第二次和第三次北海会议之后，更加明显的是，需要更新《奥斯陆公约》和《巴黎公约》。这些公约并不包括对海洋环境的所有威胁，而只包括污染方面。同时，北海会议制定的预防办法需要更适当地纳入这些公约的框架。此外，由于一方面在逐步停止倾倒工业废物和焚烧方面取得了成果，另一方面考虑在所有陆上来源方面所做的额外工作，奥斯陆委员会和巴黎委员会之间的相对平衡正在发生变化。还有人指出，委员会的程序和财务问题有时重复。在委员会下设立的工作组过多，官僚作风日益严重。

1990年，奥斯陆委员会和巴黎委员会决定，鉴于现有公约已经过时，需要一个新的法律框架。为此，决定起草一项单一公约，其中包括预防原则。这一原则规定了一项政策，即使没有经过科学证明的因果关系，也必须采取保护措施，减少潜在危险物质的投入。

新的"清洁海洋"公约即《奥斯巴公约》于1992年9月在巴黎签署。《奥斯巴公约》规定缔约国有义务适用预防原则，适用污染者付费原则，并确保其所采取的方案和措施符合现有的最佳技术。它是一项框架公约，有四个附件，涉及陆上来源、倾倒、近海方面和海洋环境质量评估。

与先前公约的一个非常重要的区别是，新公约删除了"黑色"和"灰色"列表的概念。对于倾倒，采取了反向列名办法（即普遍禁止倾倒），并附有例外清单；对疏浚材料、天然惰性材料和鱼类废物也做了例外说明。关于陆上来源，应使用12项标准来确定优先事项，并评估方案的性质、范围和时间跨度以及拟采取的措施。所包括的另外两个重要的新内容是区域化概念和强调评估海洋环境质量。

《奥斯巴公约》不仅涵盖海洋的传统污染，而且旨在保护海洋区域免受人类活动的不利影响。这一补充使人们能够详细考虑渔业或砂石开采等令人不安的活动的影响。根据一般原则，今后需要采取适当措施，更多关注渔业问题。

《奥斯巴公约》的一个重要内容是发挥非政府组织的作用，比如环境和工业组织可以参加新的委员会的工作。这就使得公众和所涉及的不同组织更加了解情况，也有助于提高决策过程的质量。值得注意的是，允许非政府组织参加委员会的会议，或多或少地"迫使"北海会议开始需要这些组织参与协商。

尽管《奥斯陆公约》取得了许多成就，但仍然存在许多挑战。1972年的北海和现在的北海有很大的不同。例如，荷兰的AMOEBA方法比较了目前的北海生态系统与1930年的生态状况（假定是一个未受干扰的生态系统）并得出结论，即北海生态系统失衡，需要采取进一步措施来保护和恢复这一海洋生态系统。[①]过去的努力集中于减少污染点和污染源，而现在需要更多地强调漫射源。各国的经验已经表明，这是一项艰巨的任务。必须以适当的方式处理空气污染、交通污染和农业污染。

关于这些问题，关键是看北海各国在多大程度上继续采取削减办法。北海部长们在1990年决定，在2000年之前，所有有害物质的投入应减少到对人或自然无害的水平。与此同时，还实行了一项可持续性政策，即当代人为后代提供利用北海环境的选择。界定北海的这些"质量水平"并将其与海上和陆地上的不同活动联系起来是一项巨大的挑战，也是一项艰巨的任务。在这方面，切实落实进一步减少污染也是一项挑战。

在对有关参与机构的讨论中，考虑欧盟的作用也是有价值的。鉴于欧盟成员的增加，欧盟和《奥斯巴公约》的区域覆盖范围可能会有越来越大的重叠。由于许多环境问题已经列入欧盟议程，这可能表明对具体区域涉及的环境问题的继续讨论需求会越来越小。

在新公约实际生效前的过渡时期，原有决定和建议与新条款有关的适用性或法律地位是毫无疑问的，为此1993年6月在柏林举行的委员会会议为解决这个问题拟订了相应的措施。委员会建立了一个新的工作结构，减少了工作组。委员会认为还必须制定一个明确的方针，纳入《奥斯巴公约》，特别

---

① John H. M. Schobben. Risk-analysis for the Marine Environment in the Netherlands, 1992.

是关于渔业和砂石开采等人类活动所造成的令人不安的影响
的问题。同时委员会认为，保护东北大西洋的新框架构建之
后，必须强调使公约具有实际意义并得到执行。

如上所述，《奥斯陆公约》和《巴黎公约》是其他区域
海洋公约的先驱。不过，虽然有许多变化和改进，但问题仍然
存在。因此，考虑进一步需要采取的步骤也是必要的。随着北
海环境保护的立法框架不断得到广泛发展，国家、区域、欧洲
和全球倡议内的建议都有进展，1992年在巴黎签署的《奥斯巴
公约》被描述为其他区域海洋保护框架的典范。《奥斯巴公
约》要求委员会发挥核心作用，交流有关保护海洋环境的信
息。另外，与《赫尔辛基公约》进一步合作，尤其是联合执行
1992年在里约热内卢举行的联合国环境与发展会议的各项协
定，是具有现实意义的。[①]

前述许多公约的修订，包括1972年《伦敦公约》的订
立和其后的不断完善，都生动地证明，在更复杂的全球范围
内，区域经验可以用来讨论同样的全球性问题。可以看出，其
他区域海洋公约不仅使用了《奥斯陆公约》和《巴黎公约》中
的概念，而且增加了这些公约未涵盖的内容，并进一步考虑了
其他海域的经验，把船舶污染（例如1973年的《国际防止船
舶造成污染公约》）和防止石油泄漏纳入现有区域框架之中
（例如1969年的《波恩协定》、1990年的《国际油污防备、反
应和合作公约》（OPRC））。

关于东北大西洋的保护，最初是渔业公约中的一个有关
"倾倒"的段落，后来发展成为区域生态系统管理框架，成为

---

① OSPAR Commission. The North-East Atlantic Environment Strategy, 2010.

所有区域海洋管理的一个范例。由此认识到，解决污染问题本身并不是唯一的任务，有必要考虑其他海洋扰动问题，并考虑是否有必要利用重要的经济资源、可持续管理来应对，这是解决问题的关键。

在北海保护和治理方面，北海周边国家建立了良好的工作体制框架，商定了政策原则，并采取了许多具体措施。北海周边国家能够采取必要的行动，并在必要时及时调整其战略和组织结构，使之与当前的事态发展保持一致。实践表明，执行原则和实现政策目标难度很大，需要作出巨大的政治努力和财政努力，海洋环境仍然需要充分关注，同时必须采取进一步的行动和措施。

《奥斯巴公约》在实现预期目标方面发挥了非常重要的作用，因为海洋问题只能在国际范围内解决。在这一公约的框架内，所有缔约方都认识到平衡的生态系统管理的必要性以及在每个国家采取适当措施的必要性。赋予这一公约作为世界其他国家榜样的作用也是一项挑战。所有北海周边国家都意识到，必须使该公约取得成功，以可持续的方式利用海洋是各国政府和工业界的任务。如果得到足够的重视，北海地区的经济发展和环境保护之间就有可能找到最佳的方案。

本章小结

本章阐述了北海海洋治理中沿岸国政府和国际组织的海洋政策所发挥的作用。

关于北海区域内外海洋政策的作用：一是北海沿岸国海洋政策在北海海洋治理中起到风向标作用；二是欧盟在北海海洋治理区域合作方面始终发挥了不可或缺的重要作用；三是其他国际组织促进了北海海洋治理的区域合作。

沿岸国有关海洋政策立场对北海海洋治理具有导向性和示范性作用。北海沿岸国海洋政策立场有很多相通之处，但在整体性、涵盖面和侧重点等方面也存在差别。欧盟是北海海洋治理区域合作机制重要的协调方和参与方，欧盟通过沿海、海洋和综合海事政策以及《海洋战略框架指令》、海洋空间规划、欧盟《全球海洋治理宣言》等相关指导性文件和政策指引，直接或间接影响着北海区域合作的规则制定和实施过程。实质上，北海海洋治理的成功经验和有效做法已成为欧盟开展海洋治理的一个样板。《奥斯巴公约》组织等其他国际组织与北海会议等北海区域内国际组织和机制联系密切，也在北海海洋治理中发挥着重要作用。

第五章

北海海洋治理的主要特点

北海海洋治理注重多层治理、"海陆联动"治理和规划引领治理，这些做法彰显了北海海洋治理的特点。

一、北海海洋治理特点之一：多层治理

（一）多层治理的特征和类型

随着欧洲一体化进程的发展，对"一体化"不断有不同的解读，主要有新功能主义、现实主义、自由政府间主义等理论。在《欧洲联盟条约》签订后，关于"一体化"的解释更加多元化，出现了多种理论相互融合的解释方案，其中最受关注的是欧洲治理理论。而多层治理理论又是欧洲治理理论中较引人注目的，它试图超越新功能主义/超国家主义和自由政府间主义的争论，在二者之间寻找新的发展方向。

欧洲多层治理的基本特征有三个。一是政治活动在两个以上层次进行。政治活动涉及不同层次，各个层次的影响都根据具体情况和问题的不同而不同。各层次行为体及其决策方式各不相同。但是，这些层次是相互联系的，它们发挥着相辅相成的作用，有相互重叠的职责、协调一致的目标、相互依存的行动。由此产生了新的集体决策模式，在这种模式中，民族国家政府的控制权被削弱。二是多方面行为体的参与。参与活动的范围包括成员国政府和组成它们的部长会议、欧洲理事会等机构，超国家机构如欧盟委员会、欧洲议会、欧洲法院，以及地方政府、非政府组织、利益集团和私营机构等。治理过程难以由国家主导，决策权并不完全由成员国政府掌握，而是由各方面的行为体分享。三是多种行为体对权力的非集中公开使用。举例来说，欧盟委员会、欧洲议会和欧洲法院对欧盟决策而言具有相对的独立性，不受成员国政府的制约。通过集体决策机制体现了各成员国对欧盟决策的影响，但个别成员国的控制能力却有所下降。欧洲一体化的发展使得国内与国际的界限变得模糊，许多成员国甚至直接把欧盟政治看作国内政治，而不单纯是外交政策。即使如此，欧盟政治和国内政治并不相容，成员国政府既不能垄断欧盟政治，也不能垄断非国家行为体，如国内政党和利益集团与欧盟政治的联系。

还有学者从世界范围内对欧洲的多层治理进行了比较研究，将多层治理按等级和任务类型划分为类联邦型治理和多中心型治理。[①]

类联邦型治理，意思是类似于联邦制的多层治理。这一多层治理基本以联邦制国家为基础，以单一政府而非单一政策为分析单元，集中于中央政府与地方政府之间的关系，治理权限主要根据领土和区域划分，治理系统具有很强的等级性。这类多层治理中，管辖权力所涉及的层面数目有限，各层次之间的治理界限较为明确，互不干涉。管辖权是综合性的，在各个管辖层面上承担着一系列的治理任务和政策责任。类联邦治理模式体现了民众对特定社会群体的内在认同，这种认同通常基于国家、地区、地方的认同，也可能基于宗教、部落、种族等因素。这类治理能够满足共同体集体自治的要求，有利于将公

---

① Liesbet Hooghe, Gary Marks. Unraveling the Central State, but How? Types of Multi-level Governance [J]. American Political Science Review, 2003, 97（2）：236.

民的偏好转化为政策，并因此适用于解决社会内部的基本价
值选择问题，也就是谁何时获得、如何获得的问题。它有利
于解决不同问题之间的交易，也就是通常所说的"一揽子交
易"和"互投赞成票"，因此适合于解决性质为"零和"的问
题。①这一治理模式属于多管齐下的综合治理模式，它常常伴
随着激烈的意见分歧和政治竞争，为了确保治理工作的顺利
进行，需要以集体和谨慎的态度制定综合治理规则。

多中心型治理是一种特定的任务治理，不以地域而以职
能任务来划分权限，等级性较弱。特定的任务有很多种，有许
多相关的治理层次，治理机制也是灵活的，可以根据不同的任
务需要随时作出调整，甚至在任务结束时终止。多中心治理结
构属于工具性安排，它有助于同一地域或功能空间内的人们
协调解决相关问题。这一治理模式强调效率，往往涉及流动
的、隶属于不同社区的个人，其基础是自愿和功能性目的，便
于成员的加入和退出，并尽可能避免冲突。

多层治理被视为一种治理理念，是在经济全球化和区域
经济一体化高速发展的背景下提出的，也是欧洲一体化过程中
形成的一种新的区域合作协调机制。超国家、国家以及非政
府组织等行为体在多层治理模式中共同参与政策的制定和实
施，其目的是实现参与合作的各方的利益。这种治理模式弥补
了目前区域合作中存在的许多不足与缺陷，它从治理模式的角
度揭示了联盟内各国如何协调利益冲突，从而形成一个运作有
序的共同发展整体。这一理念现已广泛应用于国际合作或区域

---

① Liesbet Hooghe, Gary Marks. Unraveling the Central State, but How?
Types of Multi-level Governance [J]. American Political Science Review, 2003,
97（2）: 236-237.

合作。多层治理作为一种新型的区域合作协调机制，承载着对传统治理的超越，其本质是要对政府职能进行解构与"软化"，即对僵化的国家机器和官僚组织进行体制改革。

（二）北海海洋治理的多层治理表现

北海海洋治理体现了多层治理模式。政府、商界、学界和民间共同参与，分类分级立项，并注重国际合作。

例如，在过去的几年中，相关欧洲国家在开发海洋能源技术以及将北海地区转变为海上可再生能源的中心枢纽方面采取了许多举措。它们拥有了技术优势以及巨大的海浪和潮汐能资源，通过增加可再生能源的生产，使经济增长和减少二氧化碳排放的潜力增大。这些国家意识到，为了发挥这种潜力，必须加快现有试验技术的开发，以便使它们尽快转化为经济竞争力。通过更大规模的试点项目部署，将有助于围绕潮汐能涡轮机、波浪能转换器和浮动风能结构等各种问题获得更好的认知。来自不同国家的研究人员对于开发这些技术不断获得新的见解。通过整合国际上的研究力量，并在同一个欧洲项目平台交流专业知识和经验，能够促使信息利用更加有效，从而可以加速降低成本。

在此背景下，Interreg北海地区项目机构创设了海洋能源扩大联盟（OESA），旨在通过战略合作伙伴关系和国际合作来加速海洋能源技术的发展，开发和部署大型海洋能源试点项目。该项目由荷兰海洋能源中心（DMEC）牵头负责，建立跨国合作伙伴关系，汇集了来自北海地区6个欧洲国家的专业知识。

为了在将来进行更多的技术部署，海洋能源扩大联盟设定了三大目标：一是开发针对海洋能源技术的跨国扩展产品，将欧洲大型服务提供商在海上和海洋能源领域的服务结合在一起；二是加速开发能够实现20兆瓦大型试点项目部署的四项技术；三是搭建利益相关者平台，汇聚海上行业、投资业务和政策制定等方面的利益相关者，挖掘海洋能源领域的协作潜力，以确保他们对海洋能源领域未来部署的支持。①

在海洋能源扩大联盟中，有13个组织将各自在海上工程、市场开发、海洋能测试和技术开发方面的专业知识相结合。为了确保产品是针对行业最紧迫的需求量身定制的，联盟吸纳了5家技术开发商作为成员。他们与8家服务提供商共同分析和定义服务，这事关其技术试点的部署。这8个服务合作伙伴结合各自的专业知识，提供涵盖技术和商业服务的产品组合。这不仅能加速试点开发，而且能确保技术公司的可持续增长。通过跨国合作，海洋能源扩大联盟致力于加强海洋能源部门建设。通过分享经验教训，推动北海地区更快更多地生产可再生能源。②

再如，由"欧盟战略创新计划"北海地区项目（Interreg North Sea Europe）资助的风电辅助船舶推进技术（WASP），获得欧洲区域发展基金（ERDF）拨款总计540万欧元。该项目将大学、风力辅助技术提供商与船东召集在一起，对一系列风力推进解决方案的运行性能进行研究、试验和验证，从而使风力推进技术进入市场，通过挖掘风能潜力进一步推动北海地区运输系统的绿色发展。这也符合"欧盟共同体创新计划"

---

① https://keep.eu/projects/21446/Ocean-Energy-Scale-up-Allia-EN.

② https://northsearegion.eu.

北海地区项目的目标，即促进产品、服务和流程的开发和使用，以加速北海地区的绿色发展。

又如，欧洲周边海域会议（CPMR）北海委员会（NSC）通过其渔业小组建立了北海委员会渔业合作伙伴关系，将包括挪威在内的北海周边国家的科学家和渔民聚集在一起。2004年，北海委员会渔业合作伙伴关系更名为北海区域顾问委员会（North Sea Regional Advisory Council），系第一个成立的区域顾问委员会（RAC）。

二、北海海洋治理特点之二：
"海陆联动"，注重溢出效应

北海地区是欧洲的交通运输和贸易中心。北海周围的国家构成了超过2.5亿消费者的潜在市场。工业和消费者的需求，创造了该区域的大量进出口贸易。货物和乘客的有效流动，取决于运作良好的运输走廊和运输方式之间的有效互联，例如从公路到铁路到海上。海运的竞争力对于确保货物从公路转运到海上以及改善通往周边地区的通道至关重要。因此，北海地区鼓励利益攸关方，例如港口当局、船主、货运代理和其他运输公司，在开办和经营海运服务时尽量减少财务风险，以有力促进从公路到铁路到海上的模式转变。连接欧洲基金（EF）也增加了对海上高速公路的供资，并且完善了海运资格规则，以更好地适应不在核心网络的利益攸关方的需要。

北海是海洋试验项目的主要地点，对改善海洋运输的环境和安全标准以及促进短海航运具有全球性影响。北海地区拥有港口和商业航运网络，拥有在国家范围内运作的公共机构，可以通过与海事利益攸关方的合作在世界范围内应用。北海地区实施了清洁高效和包容性的交通运输。按照有关国际法规和欧洲法规，航运变得更加环保。电力、生物资源和氢引入绿色燃料，减少了温室气体排放。因此，欧洲和国家两级良好的供资方案和奖励计划，促进了运输部门的技术发展和更多地使用清洁燃料。这些相关的解决方案经过测试、跨界协调，使得需求方负担得起，确保了大规模使用。在没有传统公共交通系统的农村地区，发展了满足需求方需要的服务。整个公共交通系统适应了不同人口群体，包括老年人和残疾人的需要。

跨欧洲运输网络（TEN-T）的核心网络走廊为北海地区协调基础设施发展提供了一个重要平台。专家认为，像海上高速公路（MOS）和短海运这样的概念，可以通过将货物从公路运输转移到海上，以减少拥堵，改善周边地区的可达性，并激发区域竞争力。北海地区的南部一般都很好地融入了欧洲核心网络，因此也有资格从连接欧洲基金获得资金。然而，苏格兰北部、丹麦北部和挪威通常不包括在核心网络中，而且获得运输基础设施资金的机会有限。因此，在修订跨欧洲运输网络政策时，把周边地区更多的港口和运输走廊纳入了核心网络，确保了政策的覆盖面。同样，欧洲铁路交通管理系统（ERTMS）在制定铁路基础设施相关技术标准时，让核心网络走廊以外的区域和港口充分参与相关论坛，并为之作出贡献。①

北海地区为应对气候变化重点投资低碳经济的发展，促进提高能源效率的创新想法和解决方案，大力发展"绿色技术"；同时，提高该区域公众和企业界对所涉问题和现有备选办法的认识。北海地区在支持适应不断变化的气候、发展低碳经济的进程中抢抓机遇，发展了一批新兴的"绿色产业"、行业企业和先进技术。

对于北海周围的许多地区和城市及社区来说，起主导作用的地方经济和区域经济有两类：一类是石油和天然气工业，另一类是渔业或农业等传统部门。北海周围所有区域当局认识到，他们面临的一个重要挑战就是要发展更加多样化的地方经济。北海地区通过增加经济的多样性和知识基础，可以更好地在全球竞争。因此，需要通过绿色和蓝色部门的创新、经济多样化和增长来应对经济结构的重大变化。例如，数字经济体现出巨大发展潜力。为此，北海周围的区域当局充分利用宽带连接提供的新机会，为促进各区域新的经济发展领域的形成和发展其他领域采取了一系列关键有效的行动，包括技能和能力发展、协助开发新产品和新产业的研究活动，形成跨部门集群、创新知识和技术，以及采用其他相关解决方案，为创新技术转移营造创造性区域和地方环境。

不仅如此，他们认为，在既定部门内也有促进多样化的潜力。例如，北海区域的海事部门具有相当大的优势。他们以航运、海事产品和服务为核心，为海洋和海上工业提供高质量的技术、维修和服务供应商，从而形成北海地区能够在全球市

---

① https://www.ertms.net.

场上立足和发展的创新和工程技术的重要领域。以往北海作为
石油和天然气工作环境的经验，也在帮助相关公司建立自己的
地位，使其成为海洋业务方面可再生能源公用事业发展的重要
贡献者。

北海周围的文化和旅游业通过发展不同类型的旅游，比
如，历史文化旅游、体验旅游和商务旅游，提供可持续和高质
量的服务，来促进该区域的发展，提高其竞争力。文化和旅游
部门认为，更好地了解文化和历史，尤其加强对国家特性和该
区域的了解，才能进一步发展。随着北海地区其他部门政策和
举措的制定，文化和旅游部门把旅游问题纳入了战略进程和规
划之中，促进旅游、文化和创意产业联合发展，开发有创新性
的产品、服务和区域的共同品牌，以立足于全球市场竞争。

北海地区具有非常多样化和复杂的人口格局，覆盖了欧
盟一些人口最稀疏和人口比较稠密的地区。人口发展的总体趋
势、人口减少和老龄化、人口向大都市地区移徙以及移民迅速
增加等挑战性问题，引起了有关部门的高度重视。为此，他们
在相关领域采取行动，包括通过技能培训和知识发展，使村庄
和小城镇的工作生活更加多样化。此外，鉴于迁徙人数的增
加，大量移民进入北海沿海地区，相关部门有针对性地发展技
能培训、增加就业岗位，以支持迁入者融入社区，增强其生活
的稳定性和可持续性。同时，他们认为，人口的稳定和可持续
性也取决于生活质量。因此，需要促进该地区社区的经济增长
和吸引力，以维持"宜居性"。除了经济和社会安全外，生活
质量还取决于是否提供休闲、文化和体育活动等。这些活动对
于整合和加强村镇人口也是必不可少的。

对于北海来说，水产养殖是增长潜力最大的领域之一。

仅靠野生鱼类无法满足全球对健康海鲜的需求。发展可持续的水产养殖活动有助于粮食安全、经济增长和就业。北海渔业提供高质量的鱼类和贝类，并维持相关产业发展。石油和天然气工业是北海周边地区的主要工业类型。为了以可持续的方式发展工业，与环境和健康有关的问题被认为是北海的首要问题。北海地区拥有世界上一些最繁忙的航道，使其成为全球海上运输和贸易中心。北海作为可再生能源的来源，其强风、海浪和水流，不仅对该区域，而且对整个欧洲都是至关重要的资源。

北海地区随着经济和环境的动态变化，不断优化调整相关政策，使其多样化。例如，针对高度专业化的海洋集群中存在的未来经济增长的机会，特别是集群中针对环境和有利于绿色增长的各个领域所拥有的尖端技术，就通过区域合作与协作，促进这些机会在整个区域得到更好的发展、更好地连接并更具流动性，从而巩固和提高北海地区作为创新、卓越和最佳做法中心的地位。

三、北海海洋治理特点之三：
长于规划，前瞻性和战略性较强

北海海洋治理主体不断积累治理经验，在此过程中逐渐由起初的被动应对转向长远规划，前瞻性和战略性越发显现。《北海区域2020战略》的制定即是很好的例证。

《北海区域2020战略》旨在应对北海区域面临的挑战和机遇，一方面是为了促进区域内的平衡发展，不仅使条件较差的区域能够赶上，而且促进成功的区域持续改进，以保持其全球竞争力；另一方面是为了促进该区域的各经济体保持在欧洲和全球的领先地位，确保为欧盟的长期战略和目标，特别是《欧洲2020年战略》作出贡献。

《北海区域2020战略》设定的总体目标有三层含义：一是确保北海地区保持其吸引力和经济繁荣，提高其作为欧洲有竞争力、有吸引力和可持续发展地区的绩效；二是推动北海地区更有效地应对共同的跨国挑战，并利用好与可持续经济增长、气候变化、能源可及性和海洋空间管理相关的机会；三是促进北海地区发展成为一个对公民、企业和组织有吸引力且管理更好的国际区域，并改善各级政府和部门之间的合作与协调，为本地区公民的生活、工作、访问和投资提供便利。同时，通过北海区域跨部门的协调和多层次的治理，提供与欧盟针对波罗的海和多瑙河地区的策略不同的宏观区域策略，提高政策效率和公共资金价值，努力发展现有合作，保持实力和竞争力，把北海区域进一步发展成为一个可持续和有吸引力的区域，成为欧洲经济增长的引擎，成为能够更广泛解决欧盟问题的卓越中心。

《北海区域2020战略》的主题范围聚焦四个优先领域：一是海洋资源与管理海洋空间，二是增加无障碍和清洁交通运输，三是能源与应对气候变化，四是有吸引力且可持续发展的社区。这些领域是便于联合行动与协作行动的领域，是《欧洲2020年战略》和相关国家政策优先事项共同关注的区域发展问题。具体内容如下。

关于海洋资源与管理海洋空间领域。重点是海洋空间规划（MSP）、海洋资源可持续管理与开发两个方面。北海是一个复杂而开放的海洋生态系统，为鱼类提供了苗圃，为许多鸟类提供了迁徙和过冬的区域。它也是支持捕鱼、航运、贸易、能源、采砂（疏浚）等海上经济活动和娱乐活动最多的海洋之一。海洋资源可持续管理和开发对北海区域的未来至关重要。因此，北海地区依据欧盟共同渔业政策（CFP），制定了管理欧洲渔业船队以及长期可持续的鱼类种群的有关规则。尽管对改革管理海洋空间领域的争议较大，但北海坚持利用海洋空间规划作为促进不同层级政府部门和利益攸关方之间对话的工具，确保海洋资源的可持续和创新开发。

关于无障碍和清洁交通运输领域。北海地区通过供资工具（连接欧洲基金）和治理机制（核心网络走廊论坛），确保周边和海洋区域能够很好地利用跨欧洲运输网络的核心网络，支持交通运输从公路转向铁路和海上，促进落实清洁运输、高效运输和包容性运输措施及其激励办法。

关于能源与应对气候变化领域。北海地区通过地方、区域和国家各级政策，促进适应和缓解气候变化，促进减少温室气体排放，促进能源效率以及低碳技术的创新和绿色增长，促进区域、国家和欧洲强有力地支持北海发展的有吸引力和可持续性的电网。

关于有吸引力且可持续发展的社区领域。北海为支持旅游部门更加可持续发展，在沿海地区以及游轮旅游中给予更加多样化的优惠，比如，在沿海地区发展文化遗产、自然遗产、户外旅游和健康旅游。同时，改善政策协调，应对北海地区人口和移徙挑战，促进不同部门之间的知识转让和交叉，支持发展文化行为者常设网络，推动海洋集群继续发挥促进蓝色增长和作为就业机会和创新提供者的重要作用。

在上述四个战略优先领域，不同层级政府部门之间以及与一系列利益攸关方之间加强战略合作，以此最佳利用资源，实现共同的战略目标，并为该区域及其人民带来具体利益。由于该战略的地理范围没有得到密切界定，这就使得《北海区域2020战略》在具体主题上保持灵活性和相关性，比如，要解决的问题可能涉及内陆地区以及沿海地区。再如，运输、环境问题和水管理，等等。

《北海区域2020战略》除了确定优先领域外，还确定了一些指导原则，贯穿所有四个战略优先领域，纳入所有政策执行过程。

一是创新与卓越。北海委员会认为，未来经济发展的挑战将是利用该地区的卓越成就，促进和保持现有和未来部门的创新。这就意味着促进区域之间的知识和经验交流、发展创新集群（知识和卓越）更加重要，应重点促进和支持跨区域、跨国创新。

二是可持续性。可持续发展力求满足当代人的需要，而不损害后代满足自身需要的能力。北海委员会认为，北海地区的未来发展必须平衡经济增长、环境保护和社会凝聚力。

三是技能与研发。北海委员会看到，在建立以知识为基础的社会和强大的研究基础方面取得的进展，已经使信息和通信技术、可再生能源、运输、海洋技术和创意产业等部门取得了优异成绩。在战略优先领域，获得高质量的人力资源以满足劳动力市场的需求是十分重要的，需要在征聘、教育和培训、劳工的跨界流动、语言习得、专业资格的相互承认、与社会伙伴的合作以及学习最佳做法的实例等领域，包括国家工作报告的不同区域之间进行密切合作和密切协调，还可通过发达的跨国网络，加强共同学习和分享知识。

四是利益攸关方的参与。北海委员会认为，执行该战略要对共同的挑战和机遇采取综合办法，需要有广泛的利益攸关方参与，其中包括跨部门、跨国家和不同政府级别的利益攸关方的参与，还要改进北海地区区域合作和多层次治理框架中的区域作用，使得治理机制能自下而上参与和"四螺旋"参与。①

五是能见度（透明度）。北海委员会的主要工作目标是促进和提高人们对北海地区作为欧洲主要经济实体的认识。因此，它们工作的一个重要部分，就是在整个工作过程中向广泛的利益攸关方传达这方面的认识，使它们的工作和成绩可见。

《欧洲2020年战略》是欧盟的增长战略，旨在实现智能、可持续和包容性增长。此战略确定了在2020年之前实现的五个关键目标：一是促进就业；二是改善创新、研究和发展的条件；三是实现气候变化和能源目标；四是提高教育水平；五是促进社会包容，特别是减贫和应对老龄化挑战。②这五个方面的目标与欧盟所有成员国现有的国家战略是协调的，与欧盟立法和政策是保持一致的。根据这些目标，海洋经济的增长潜力被确定为欧洲经济的一个关键力量。另外，制定以地区为基础的战略以应对界定的地理区域内的共同挑战，已经得到了很好

---

① https://cpmr-northsea.org/policy-work/north-sea-region-strategy-2020.

② European Commission. EUROPE 2020: A Strategy for Smart, Sustainable and Inclusive Growth, 2010.

的实践验证。在此基础上欧盟为波罗的海、亚得里亚海、高山地区和多瑙河地区制定了宏观区域战略，为大西洋地区制定了海盆战略。这一系列战略，在战略方针和优先行动方面提供了一个框架，将各级和部门之间相互补充但分散的行动结合起来，制定新的政策创新平台，推动可持续增长，提高竞争力和创新能力。

《北海区域2020战略》支持《欧洲2020年战略》的各项目标，并为实现欧洲可持续和包容性增长的目标作出贡献。该战略旨在提供一个连贯的框架，通过北海区域的协调与合作，加强政策整合和协调发展。《北海区域2020战略》的基本原理与欧盟现有战略不同，其主要动机是提高社会经济凝聚力、竞争力和环境绩效，旨在确保北海区域的实力和竞争力得到保持，促进该区域进一步发展成为一个可持续和有吸引力的区域，成为欧洲增长的引擎。因此，该战略的目标是把重点放在跨国问题上，因为在这些问题上，需要跨国合作开展工作。北海区域的良好治理是建立在不同政府级别之间以及与广泛利益攸关方之间的合作与协调基础上的，其行动计划特别强调在各个领域开展合作或游说，以取得合作成果。

为了加强北海区域的整合，《北海区域2020战略》加强了各领域的政策和立法执行，为当前的举措提供政治支持，并提高其知名度。这项工作是由北海委员会主席和执行委员会来推动的。《北海区域2020战略》具体实施过程由战略任务组协调。该任务组由北海委员会秘书处、主题小组顾问和代表成员国所有国家的其他官员组成，执行委员会负责监督。

为执行《北海区域2020战略》，北海委员会制订了一项每年进行审查的行动计划，使最相关的行动在完成后列入或替换。行动计划的重点是发挥北海委员会和专题小组以及成员区域在执行战略优先领域方面的作用。例如，执行委员会于2019年1月举行了一次特别会议，讨论了优先事项。战略任务组还审查了来自各个组织和欧洲机构的许多战略文件，并总结归纳了北海地区的"一揽子"挑战和机遇。依据《2019—2020年行动计划》，战略任务组在2019年春季讨论了新战略的优先事项，编写了一份可达目标的简短文件（该文件没有正式地位，仅旨在促进讨论），形成了一些主要成果。比如，成员对当前2020战略的调查摘要（2018年春季），每个成员区域的能力（2018年秋季），每个成员区域的区域发展战略和计划的主要优先事项摘要（2018年秋季）。

本章小结

本章阐述了北海海洋治理的主要特点。

北海海洋治理具有三大特点：一是北海海洋治理呈现出多层治理模式；二是北海海洋治理通过"海陆联动"形成溢出效应；三是北海海洋治理注重规划引领。

多层治理模式作为北海海洋治理的特点之一，主要体现在政府、商界、学界和民间共同参与，分类分级立项，并注重国际合作开展海洋治理。"海陆联动"、注重溢出效应作为北海海洋治理的特点之二，把涉及环境和健康的问题列为首要问题，以可持续的方式发展工业，重点发展低碳经济，发展新兴的"绿色产业"、行业企业和先进技术，提高能源效率，加速北海地区的绿色发展，以应对气候变化。注重长远规划、强调前瞻性和战略性作为北海海洋治理的特点之三，以2011年10月由北海委员会通过的《北海区域2020战略》为例证，明确了指导原则，确定了便于联合行动与协作行动的四个战略发展优先领域（海洋资源与管理海洋空间、无障碍和清洁交通运输、能源与应对气候变化、有吸引力且可持续发展的社区），并将其纳入所有政策执行过程。《北海区域2020战略》旨在通过北海区域的协调与合作，加强政策整合和协调发展，应对北海区域面临的挑战和机遇，提高社会经济凝聚力、竞争力和环境绩效，促进该区域进一步发展成为一个可持续发展的有吸引力的区域，成为欧洲增长的引擎；同时，对接《欧洲2020年战略》实施，为实现欧洲可持续和包容性增长的发展目标作出贡献。

第六章

北海海洋治理面临的问题和挑战及发展趋势

　　北海地区开展海洋治理区域合作的时间较早，治理成效显著，被公认为全球海洋治理的一个成功范例。尽管北海海洋治理发展态势更加趋好，但面临的环境问题依然严重，挑战依然严峻。北海作为欧洲的重要组成部分，不可避免地受到欧洲海洋环境影响，因此研判北海海洋治理的问题和挑战，需要从欧洲海洋环境问题分析入手。

一、欧洲海洋总体环境问题

　　欧盟委员会于2020年6月通过了有关《海洋战略框架指令》第一个实施周期的报告。该报告表明，尽管欧盟的海洋环境保护框架是全球范围内最全面、最雄心勃勃的框架之一，它仍需要加强以应对主要挑战。这些挑战包括过度捕捞和不可持续的捕鱼习惯、塑料垃圾、海水富营养化、水下噪声和其他类型的污染。

　　欧洲海洋的质量状况好坏参半。例如，某些物种显示出恢复的迹象（例如，波罗的海的白尾海雕），而另一些物种则表现出急剧的退化。尽管东北大西洋的捕捞作业有所减少，但欧洲沿海约79%的海床和43%的斜坡区受到了物理干扰，这主要是由拖网捕鱼造成的。欧洲近46%的沿海水域仍然富营养化。尽管欧盟规范化学品的法规已促使污染物减少，但大多数海洋物种中塑料和其他化学残留物的积累有所增加。

　　但是，该指令已推动人们更好地了解人类活动对海洋的压力和影响及其对海洋生物多样性、海洋生物栖息地和所维持的生态系统的影响。例如，从实施该指令中获得的知识就是推动采用一次性塑料指令的动力。它增进了欧洲四个海域的沿海成员国之间以及整个海域之间的合作。由此带来的效应是，非欧盟成员国也致力于达到良好的环境状况或同等水平。欧盟成员国仍然可以进一步改善其协调性，即确定协调一致的目标和指标，并采取有效措施应对适当的压力。欧盟的该指令已经超越了"爱知县生物多样性目标"涉及的海洋保护区的目标，但其内容必须具有生态性意义，并且需要有相应的管理措施。

二、北海周边地区生产生活造成的环境问题

　　工业生产和居民活动会在一定程度上扰动生态系统，带来环境问题，尤其是海水水体富营养化问题尚未解决。在北海，富营养化使从法国到丹麦的沿海地区产生了高生物量的藻华。自20世纪70年代以来，这些藻华变得越来越明显。在法国西北部的布列塔尼，海滩附近每年都会发生绿藻大规模繁殖现象。含氮、磷等污染物的大量排放是造成这些"绿潮"的主要原因。因为生物多样性丧失，旅游收入减少，贝类养殖收入减少，从而影响了生态系统。[①]在北海的东海岸，棕囊藻的繁殖是春季末期的常见现象，也与高氮输入有关。这种藻类细胞分泌的多糖类黏质积累形成的泡沫物质，影响食物链并对渔业产

---

① Perrot, T.. Rossi, N.. Ménesguen, A. Dumas, F.. Modelling Green Macroalgal Blooms on the Coasts of Brittany, France to Enhance Water Quality Management [J]. Journal of Marine Systems, 2014, 132: 38-53.

生连锁反应，还会在海滩上造成大量泡沫沉积。在丹麦、德国、荷兰和比利时的北海沿岸，绝大多数过渡水域和沿海水域均无法获得良好的水质，很大程度上也归因于"养分"污染。

第二次世界大战后，肥料的使用以及相关的养分向环境的输入急剧增加。例如，欧洲人为氮排放量在1900—1950年增加了50%，但随后在1950—1980年增加了近150%。在北海，1950—1980年，富营养物质排放量的增长甚至更高，约为400%。这导致藻类大量繁殖，不少鱼类因缺氧而死亡。北海周边国家纷纷采取应对措施，以减少氮排放。研究表明，有针对性地减少化肥使用、加大城市废水处理等，可以实现最大程度的减排。然而，多数国家的减排力度不够，未达到相应减排目标。例如，尽管《奥斯巴公约》的所有成员国都在1985—2005年减少了水中氮的排放，但只有丹麦实现了50%的减排目标。

三、气候变化威胁沿岸和海洋生态

气候变化以及制定这方面需要的相关适应和缓解措施，是北海地区面临的主要挑战之一。气候变化的影响是有区域差异性的。海平面上升和极端天气条件下洪水对沿海地区的威胁日益增加，是北海地区国家面临的共同威胁。气候变化将给渔业、农业和水产养殖部门增加压力，并将对沿海和海洋生态系统产生严重影响。海岸带侵蚀率的增加，暴露出现有的海岸防御机制力度的不足。对北海区域来说，这些都是影响关键经济部门的重要问题。这些广泛、复杂而相互关联的问题，需要在政策和地理区域方面制定共同的或协调的战略和办法去加以解决，尤其需要通过联合研究、共享数据、跨境研究等方式开发知识库，同时至关重要的是需要制定一种共同的创新的适应和缓解办法来应对气候变化。

有强有力的证据表明，北海在20世纪80年代以来出现了明显的地表变暖现象，东南部表现最明显，自19世纪末以来超过1℃。[①]在过去的100—120年里，北海的绝对平均海平面每年上升约1.6毫米，与全球海平面上升的数据相当。极端水平上升的主要原因是平均海平面上升。[②]北海是大气中的二氧化碳（CO_2）的汇聚区，在过去的十年中，由于pH降低和温度升高，二氧化碳的摄入量下降。在过去两个世纪中，所有变量（包括海表温度和海平面）的短期变化程度都超过了与气候相关的变化，对于盐度、洋流（随潮汐、风和季节密度变化）、海浪、风暴潮和悬浮颗粒物（随洋流、河流输入量和季节性分层变化）尤其如此。海岸侵蚀广泛，但不规则，一些海岸线正在增加。研究表明，未来净初级生产变化的不确定性很大。从年尺度到数十年尺度的北海区域是隔离和预测区域气候变化影响的一个特殊挑战，将自然变化和区域气候变化影响分开是北海的任务之一。北海的海洋生态系统生产力水平很高，开发密集，研究充分。不断变化的北海环境正在影响各种规模的生物

---

① Holt J. Hughes S. Hopkins J, et al.. Multi-decadal Variability and Trends in the Temperature of the Northwest European Continental Shelf: A Model-data Synthesis [J]. Prog Oceanogr, 2012, 106: 96–117.

② https://www.eea.europa.eu/data-and-maps/indicators/sea-surface-temperature-3/assessment/#_ednref1.

过程和组织，包括个体的生理、繁殖、生长、生存、行为和运输。种群的分布、动态变化和演化以及营养结构也受到影响。对北海的长期研究和开发表明，气候以复杂的方式影响着海洋生物。气候变化影响生物物种所有分类单元的分布。许多物种的分布和丰度发生了变化。温水物种变得更加丰富，物种丰富度（生物多样性）增加了。[①]这将对未来的可持续收成水平和其他生态系统服务产生影响。

海平面加速上升，海浪气候的变化和暴风雨可能导致沙丘和盐沼的退缩，变得更加狭窄，使它们无法向内陆扩散，特别是在狭窄而陡峭的前陆地区。人们对海平面上升、波浪气候变化、风暴和当地沉积物的可利用性及其相互作用的相对重要性了解甚少。地貌和沉积物运输的影响与气候变化的潜在影响相互作用，河口和大多数沼泽将会在海平面上升过程中生存下来。具有较低的悬浮沉积物浓度和较小的潮汐范围的后屏障盐沼可能在海平面上升时更脆弱。后屏障沼泽上远离盐沼边缘和小溪的洼地可能会特别危险。植物和动物群落遭受高能量波浪的冲击，在沙丘和盐沼中栖息地就会丧失。自然演替以及诸如放牧和割草之类的生产活动也有较强的影响力。春季的小风暴潮对鸟类繁殖产生负面影响，外来物种可能改变竞争和相互作用。温度和降水的变化以及大气氮沉降会影响植物和动物群落，动植物之间的相互作用导致竞争性物种的更快生长，高产植物的增加可能会导致生长缓慢和地位低下的植物物种的损失。

---

① FAO. Impacts of Climate Change on Fisheries And aquaculture, 2018: 95.

四、辩证分析北海海洋治理挑战与机遇

在"海陆联动"治理机制下，需要运用系统思维，深入分析北海海洋治理和地区发展所面临的挑战。

关于无障碍。物理和数字连接对北海来说都是挑战。北海最外围的地区需要更好地引入市场机制，改善交通条件，以促进从公路运输模式向铁路运输和海运的模式转变。在北海许多地区，宽带和数字连接水平仍然落后，这些领域需要改进，以促进经济发展。

关于能源过渡。对石油和天然气的依赖是许多北海地区面临的挑战。转向可再生能源将有助于经济多样化和应对气候变化。鉴于海上风电场的迅速扩张，必须商定其建设、安全、噪音和视觉污染的共同标准。利用这些能源适应气候变化的一个先决条件是建立一个相互联通的电网，有助于建立以最佳方式向可再生能源过渡的网络。尤其需要在陆上和海上投资相关网络基础设施，而且这类合作需要正规化的国家层面的参与才能落实。

关于污染与排放。经济发展和人类居住压力的增加极大地损害了北海的生态系统，并导致了重大的环境问题。海洋及其海滩受到塑料废物污染、富营养化、工业、航运、天然气和石油开采中化学品和重金属污染的影响日益严重。但是，有关环境管理和条件的数据由数百个不同的机构持有，很难获得全面的情况。如何更好地协调和交换数据，并基于数据做决策，这也是北海地区国家需要在合作中解决的问题。

关于气候变化。海平面上升和气候变化造成的洪水，对沿海地区的威胁增加，将对北海周边国家产生影响。气候变化还可能通过海水变暖、海水酸化和外来物种的入侵，给海洋生态系统带来进一步的负担。因此，需要北海周边国家协同合作，在减缓和适应气候变化方面发挥重要作用。

关于管理海洋空间。海洋空间面临来自北海区域竞争活动的压力。例如，未来几年，海上风力发电场的数量和规模预计会增加，船舶的航运量和规模也会增加，这将导致海洋使用者之间对空间的竞争加剧。因此，在不同政府级别和利益攸关方之间需要加强协调，共同执行海洋空间规划指令，这对于平衡环境保护和蓝色增长至关重要。①

关于人力资源。北海周边国家面临长期的人口挑战，这给卫生、交通和生活休闲等关键服务行业造成压力。北海的许多地区如何在受到经济衰退和失业率增加的负面影响的情况下，继续成为一个有吸引力的居住场所，有良好的工作环境和充满活力的文化生活，保持已有竞争力，关键行业还能吸引到高技能劳动力，以适应不断变化的经济形势和关键行业（如海运和离岸业务）的复苏，这些是摆在北海周边国家面前的现实挑战。

挑战和机遇往往是并存的，在运用系统思维深入分析北海海洋治理和地区发展面对的挑战的同时，需要运用辩证思维，去把握北海海洋治理和地区发展带来的机遇。

---

① Hilde M. Toonen. Sea-shore: Informational Governance in Marine Spatial Conflicts at the North Sea [D]. Ph. D thesis, Wageningen: Wageningen University, NL 2013: 22.

关于互联互通和基础设施。北海地区全面开展贸易和使用主要国际港口是进一步发展高效和可持续的海上货运的重要资源。短途海运和海上交通的进一步发展，将更好地与该地区的内陆水道连接。

关于能源转型和可再生能源。北海地区的自然环境为可再生能源提供了巨大的发展潜力，扩大可再生能源对实现气候变化目标以及该地区未来的经济增长和就业至关重要。风能、波浪能、潮汐能、水电能和生物质将得到进一步开发、研究和推广。北海已经启动综合能源网络电网的规划，为发挥可再生能源的潜力提供基础设施条件。北海地区国家、区域和私人伙伴之间的合作，促进了北海电网建设。与互连线相邻的光纤电缆也是北海电网局部开发的一个很好的机会。

关于创意产业和创新。创新、研发和创意产业是北海地区的关键特征。未来发展依赖于知识共享，以创造新的产品和服务。因此，通过加强合作和共同努力，可以加强和进一步发展这一实力，使北海地区成为英才中心。北海地区的文化创意产业将对经济增长和就业起到重要的支撑作用。几个世纪以来，北海周边地区通过移民流动、密切的贸易关系和共同的海洋开发利用传统密切相连。当下，需要跨专题研究，从所有学科中收集关于北海区域的知识，以支持创新文化和经济发展。

关于自然资源。北海地区自然资源丰富，可持续利用自然资源十分重要。通过协调，集体解决可持续利用自然资源这一问题，以便为今后自然资源的可持续发展奠定基础。稳健的战略规划和善治，增加了建设和维护可持续发展的机会。例如，空间规划方面的联合协作努力，确保了以最佳方式利用现有空间和资源。

五、北海海洋治理的发展趋势

（一）加强海洋空间规划

为促进北海本身和各区域的经济可持续发展和增长，以确保子孙后代享有健康和清洁的北海，相关部门以处理政治问题的视角，平衡北海管理的不同利益，制定海洋空间规划。海洋空间规划是北海能源合作下的一个工作领域，由沿海国家于2016年发起，2019年更新，并通过跨境项目来制定海洋空间规划。欧盟《海洋空间规划指令》将海洋空间规划定义为：相关成员国当局分析和组织海洋地区人类活动，以实现生态、经济和社会目标的过程。海洋空间规划始终致力于减少冲突，鼓励投资，加强跨界合作，保护和维护海洋环境。[1]

海洋空间规划充分考虑陆海相互作用，把陆地、海岸和海洋的治理联系起来，并在区域沿海规划中考虑海洋生态系统和活动的直接影响。海洋空间规划有助于决策者就各种活动和海洋环境利用作出长远政治决策，对于区域间和国际协调与合作，以及促进各区域的最佳做法也是有益的。一般而言，海洋空间规划主要是为了实现国家目标，在这一进程中，通过现有

---

[1] Antonia Zervaki. The Ecosystem Approach and Public Engagement in Ocean Governance: The Case of Maritime Spatial Planning, The Ecosystem Approach in Ocean Planning and Governance-Perspectives from Europe and Beyond. Brill, 2019: 236.

的和新的机制，体现地方、区域和攸关方利益至关重要。信息
技术将使海洋空间规划更便捷，但其质量仍将取决于信息的过
程和解释。

（二）发展可持续的蓝色经济

海洋和海洋业务领域是欧洲经济的驱动因素，具有巨大
的创新和增长潜力。北海区域各国政府积极帮助确定新的可持
续的和有利的海洋和海洋业务领域，以支持可持续的蓝色经济
的发展。通过与企业界进行更密切的对话，通过制定、促进和
跨国交流最佳做法，来发展可持续的蓝色经济。

北海地区重视促进可持续的海运业务发展和具有竞争力
的蓝色经济发展。在不同部门和各级政府之间加强互动；改善
中小企业获得资金的机会，以发展蓝色经济中的跨界创新；
总体上增加对产业和创业的投资，以发展可持续增长和海洋
资源利用方面的技能和知识。北海地区充分利用现有的欧洲
投资平台，有效地实现蓝色经济的目标。北海委员会等组织
则支持北海地区蓝色经济技能提升的活动，促进海洋部门发展
职业机会。

可持续的水产养殖业具有创造财富和提供就业岗位的巨
大潜力。为确保以最佳方式使用区域资源，促进可持续的水产
养殖业进一步发展，必须加强水产养殖部门与地方和区域当局
之间的对话。①

北海地区的鲑鱼和鳟鱼的水产养殖产量是迄今为止全球

---

① ICES 14th Dialogue Meeting. Implementing the Ecosystem Approach in
the Management of Fisheries. Copenhagen, ICES; 2010.

最大的。有必要确保、支持和促进专门针对化妆品、抗生素和维生素等新产品知识的学习和培训，更好地促进贻贝、扇贝、微藻和红藻、清洁鱼类等引进、开发和生产。

气候变化、过度开发和自然迁移使得野生鱼类面临新的威胁，因此需要更多地了解海洋捕捞对生物多样性的影响，保护不同种类鱼类的产卵和繁殖区，使其免受有害活动的影响。

北海区域交通运输业的温室气体排放量约占欧洲排放总量的25%，国际航运是一个巨大的日益增长的排放源。它一方面是气候问题的一部分；另一方面通过采取综合监管、技术开发、利益攸关方合作以及有针对性的财政和其他激励措施，也是解决排放的重要部分。另外，以成本效益高的方式减少航运排放方面，还有很大的潜力尚未开发。船舶电气化是促进无排放海上运输的重要措施。陆上供电设施是减少港口船舶排放和污染的解决方案之一。北海地区的各州和地方正在开发和推广替代燃料和低碳车辆技术及基础设施，这将大大减少陆地运输的排放。由于存在可持续和时间上可行的替代交通方式，为了减少碳足迹，应取消短距离航班。北海地区还具备良好的可再生能源和领先技术，有利于促进向低碳和最终无化石能源运输系统的转移。

北海地区并不是所有区域和领域都有足够的机会获得绿色的负担得起的运输解决方案，需要根据不同地区的特点调整服务，特别是在受人口老龄化和人口减少影响的偏远地区。另外，还需发展适合社会弱势群体需要的服务。

目前，数字化和自动化技术的不断发展，使运输业具有更为安全、清洁、有效、简单和便宜的巨大潜力。共享与运输有关的数据可以提高物流链的效率，并为货物和人员运输的结合提供新的机会。然而，对于将新兴技术纳入更广泛的运输系统的重要性，目前关注太少。区域和地方政府正投入更多的精力，以便能够从未来的技术中受益，同时也能够减轻相关的风险。此外，解决办法会因城市和农村地区的差别而有差异，重要的是在新的流动概念中挖掘潜力，提出不同的共享解决方案，微观流动和流动作为服务的概念也要考虑其中。

（三）打造健康海洋环境并循环利用资源

北海地区的陆地、河流、渔船和游轮的塑料废物，空中运输的微型塑料、核排放、船舶残骸泄漏、倾倒的弹药、石蜡和其他高黏度漂浮物质、漏油和污水排放等，使得海洋环境和生物多样性面临严重威胁。海洋垃圾和塑料严重影响着沿海地区以及海洋环境，对地方和区域经济及社会产生了难以挽回的影响。因此，北海地区在地方、国家和国际三个层面加强管理，减少排放和废物倾倒，防止垃圾和塑料进入海洋损害海洋野生动物及其生存环境，并通过投资和创新，加快发展循环经济、处理海洋垃圾，研究更多的海洋垃圾回收技术和更发达的跨界处理办法，以减少海洋废物，解决日益严重的海洋排放和垃圾问题。

资源的循环利用将是北海地区的一项使命。北海周边国家将以身作则并执行欧盟委员会的任务，实施经济行动计划。循环经济或者说资源的循环利用是一个广阔的政策领域，循环利用首先是在所有新产品的设计中建立循环；产品还应设计为长期使用，其中关键部件可以更换，个别部件可以重复使用或回收；在回收部件与产品的价值评估方面，还涉及废物管理，以减少塑料、纺织品和其他物质流入自然界，并尽可能减少垃圾填埋场中的废物数量，使不可再生资源的回收利用最大化。这一领域需要大量投资才会有切实的进展。

循环经济也是关于可再生生物材料的使用。由于资源有限，因此废物必须回收利用，而不是焚烧或填埋。由此，需要进行研究和开发，改变生产和废物管理，以实现循环经济目标。

公共管理部门以"绿色协议"的方式，与相关行业合作，利用智能系统和绿色公共采购（GPP），鼓励开发创新产品和服务，推动产业创新。各区域政府还将通过创新的公共采购来带头减少排放。

（四）推动实现气候中和

气候变化是全球面临的最大威胁之一，公民和环境的健康与福祉是所有北海周边国家需要应对的重大挑战。北海地区在支持实现《巴黎协定》目标的行动、实现欧盟委员会关于欧洲成为第一个气候中和大陆的宏伟目标以及建立欧洲气候公约方面发挥重要作用。北海是一个在海洋事务中有着强大历史关联的地区，是实施气候应急解决方案的一个积极的完美场所。具体愿景在于，最迟到2050年，北海地区将实现气候中和，成为一个具有韧性和适应性的地区。要实现这一雄心勃勃的目标，油气部门需在能源转型中发挥重要作用。此外，北海地区已经考虑诸如碳捕获、利用和储存（CCUS）以及恢复生物多样性和自然碳汇等方法。

北海地区通过技术和立法协调、互联、北海电网和新能源解决方案，确保减少能源消耗和排放，进一步发挥其在欧洲可再生能源方面的枢纽作用。通过灵活性、能源转换和能源储存，确保北海周围国家能源系统的可靠性和连续性。同时，增强适应性和社会生态复原力，开发新的方法，以适应不断上升的海平面和海洋温度，适应日益增加的极端天气事件的频率和强度。在整个区域开展合作和分享知识，通过与公民接触，使他们也接受必要的变革并积极参与，支持减少温室气体排放，确保新能源运用、减少能源消耗和减少排放等举措取得成功。

北海地区重视发展可再生能源与替代燃料。北海地区的一次能源供应将越来越多地来自可再生能源：风能、水能（包括波浪能、潮汐能等）、太阳能、生物燃料等，这就需要电池的开发和存储。为了做到这一点，需要继续积极分享必要的技术解决方案研究成果和最佳做法范例，并寻求资助商业解决方案的机会。需要对清洁能源生产和储存方面的新技术创新进行研发，以便将这些创新技术在北海区域内外进行开发、试点和采用。北海区域加强和推广可再生能源领域的技能、教育和培训，以支持能源转型和发展新技术，力争在可再生能源领域保持全球领先地位。

提高能源效率在北海地区已蔚然成风。通过发展新的工业生产方法、教育消费者，促进生活生产行为方式改变，确保不断增长的人口使用较少的能源，从而减少对气候的影响。北海地区拥有许多建筑物，为在这一领域开展学习和合作提供了巨大机会。北海地区支持通过提高住宅以及商业、公共、工业部门建筑的能源效率，来减少能源需求，促进能源系统创新，这不仅有助于提高生产力和竞争力，也为加强整个区域的供应链和经济增长创造了机会。北海地区鼓励在整个能源部门建立和采用循环经济，利用现有的化石燃料基础设施来创造新能源和鼓励经济发展。为了提高能源供应的复原力，北海地区还致力于建立一个跨国可再生能源电网。提高能源效率的行动也有助于应对能源贫困的挑战，从而使民众、企业和整个社会受益。

北海在整个区域推广碳捕获、利用和储存（CCUS）和自然碳汇解决方案，共同努力向气候中和过渡，采用了两种加强经济发展的激励方法。第一种方法是继续研究在北海的CCUS机会，例如，利用现有的石油和天然气基础设施、适当的地质条件和对海床的广泛知识，还包括对碳利用的新技术开放。①第二种办法是以自然为基础的解决办法，旨在在减缓和适应气候变化方面发挥关键作用。比如，增加造林和恢复退化的林地和其他生态系统，恢复支持碳汇的沿海湿地特别是重要的栖息地，使之成为吸收和储存大量二氧化碳的"蓝碳"沿海生态系统。

生态系统的保护和恢复对于保持生物多样性、保护土壤质量和水资源来说是十分重要的。生物多样性对人类是必不可少的，因为它提供生态系统服务，例如粮食、燃料、建筑材料、防洪，而且本身也是自然世界的一部分。

北海这样的地区会受到海平面上升、暴雨加剧、排放物种类更加极端以及炎热干燥的夏季等变化的影响。北海委员会等组织不仅考虑如何继续应对这些变化，而且开始研究该区域如何才能成功地适应这些变化，而不会被这些变化所淹没，从而减缓气候变化的速度，延缓变化的到来。

整个北海地区正在努力加强适应气候变化，积极分享适

---

① https://www.gasworld.com/north-sea-shows-ccus-potential/2018086.article.

应气候变化方面的知识、研究成果和最佳做法，以及各区域正在采用的新技术创新。例如，北海委员会成员有分享资金和项目的机会，整个行业、企业和政府的最佳做法，包括确保社会公平和公正过渡的社区参与项目都能分享到。

（五）推进区域互联互通

北海地区是欧洲的主要交通枢纽，对欧盟的竞争力、内外贸易至关重要。该地区拥有欧洲最大的港口，超过20个港口是跨欧洲运输网络（TEN-T）核心网络的一部分。北海地区拥有具有竞争力的运输和物流行业，拥有车辆和航空设备制造商以及与运输相关的技术开发人员。另一方面，每年在欧洲由于事故、污染、温室气体排放和拥堵等原因，会给运输部门造成数十亿欧元的巨大损失。

全球化、城市化、人口变化、清洁汽车技术发展以及数字化正在对未来运输系统产生重大影响。生活方式和消费模式向共享经济的转变正在为创新的流动性概念铺平道路。北海地区能够很好地适应和利用这些发展，以支持更具可持续性、高效性、安全性和包容性的运输系统。

在北海周边国家之间和国家内部已经建立了高效和可持续地运输旅客和货物的交通运输系统。为了具有竞争力，北海地区与跨欧洲运输网络（TEN-T）建立了良好的联系，并受益于连接欧洲基金（CEF）的供资工具，促进运输模式从公路或空中向铁路和海上转变，开发智能运输系统。北海地区正在进一步发展城市和农村的新能源公共交通，更好地利用共享的出行选择，改善步行和骑自行车的条件，为所有区域和所有社会群体提供满意的、负担得起的运输服务。①

跨欧洲运输网络（TEN-T）政策是促进商品、服务和公民在整个欧盟和北海地区自由流动的关键。该网络对于促进无障碍环境以及确保北海地区运输业务的质量、效率、安全和可持续性至关重要。该网络与第三国和世界其他国家建立联系也很重要。北海地区总体上已经很好地嵌入跨欧洲运输网络（TEN-T）中，许多海港、航空港和城市节点都包含在核心层和运输走廊中。不过北部和西部的边缘区域距离市场远，运输时间长、成本高、路线少，后期需要更好地融入。此外，需要改善海运条件，并更好地将海运纳入物流链。

（六）促进智慧创新发展

北海地区是一个宏观区域，拥有高度专业化的产业，这些产业的基础是高质量的研究、广泛的资源和熟练的劳动力。北海地区在循环生物经济、数字经济和创新方面处于领先地位，希望通过整合智慧专业力量，保持自身竞争力、吸引力和社会可持续性。西方国家认为，北海地区还在维护欧洲价值观和传统方面发挥着领导作用。

北海地区的经济增长基于可持续资源利用和循环经济原则以及充分利用数字经济机遇，这些就使得北海地区能够率先实现欧盟委员会的绿色发展协议。

北海地区的企业将充分利用气候行动的经济潜力，包括绿色技术和可再生能源开发。为可持续发展提供解决方案的公

---

① European Commission. CEF Support to North Sea-Mediterranean Corridor, 2020.

司将得到更多支持。

北海地区的循环经济也有产业扩张的潜力，包括对建筑废物再利用、基于现有生产的废物开发新产品、开发维修更换服务和产品，同时也涉及整合不同类型产业间的生产线，以及对不可再生资源进行更高程度的回收利用。

北海地区将在区域智能专业化优先事项的基础上发展合作，例如交流经验，转让良好做法，根据智能专业化战略开发项目等。北海委员会正在寻求机会，将这些知识和专有技术纳入已建立的欧洲智能专业化平台。

北海地区维持和发展着良好运作的机构、开放包容的社会，人人机会平等。北海委员会等机构将支持各种相关倡议，以维护国家、区域和地方部门之间的良好平衡，并加强它们之间的互补性。北海委员会特别注重国家和区域部门之间的良好伙伴关系，通过民间社会更有力地参与和与公民更好地合作，各区域有能力为应对挑战找到以地方为基础的解决办法。通过跨国项目方面的合作，在认知和情感上拉近公民与整个北海地区的距离。

北海地区海洋和海岸相关商业结构具有相似性，并有可能根据其智能专业化战略交流经验和做法。

北海委员会成员区域可以利用其智能专业化战略来提高竞争力，方法是将各区域的不同分支机构和产业联系起来，与欧洲智能专业化战略（Smart Specialisation Strategies，S3）平台密切合作，并在其内部开展工作，以解决以下重要问题。

一是产业转型。在从碳基和非可持续生产向基于可再生能源和循环利用资源的生产的转型过程中，产业界需要得到支持。为顺利推进这种转型，国家援助立法必须灵活。

二是新兴产业。北海地区在基于绿色技术、海洋生物和矿产资源创新利用、可持续能源生产和资源循环利用方面，具有发展新兴产业的巨大潜力。

三是产业数字化。数字化是产业和研究创新的关键。企业家和专家需要共同努力，加快中小企业、初创企业和规模企业数字化进程。为使北海地区能够适应数字时代发展，必须解决数字基础设施、开放数据和互操作性问题。

四是气候中和产业。为了迅速向气候中和产业过渡，需要对研究和开发提供有针对性的经济支持，以填补知识空白，并对产业提供公共援助，使其能够过渡。

五是产业多样化。向可持续、气候中和、循环经济产业转变将需要更强的多样化，并开发新的、有竞争力和可持续的产品，特别是基于蓝色和绿色资源的产品。

六是发展旅游业。沿海和海洋旅游业是欧洲海洋经济的快速增长的重要组成部分，也是欧盟蓝色增长战略的重要内容。该行业需要更多的可持续性和循环性，需要多样化和更少的季节性。[①]北海地区在可持续旅游业发展方面具有巨大潜力，但基本上尚未得到开发，海上或沿海的其他基础设施建设需要考虑到旅游价值。

此外，北海周边国家意识到，为了保持北海地区作为关键产业创新者的地位，熟练的劳动力是必不可少的。各级教育和培训必须符合劳动力市场的需要。通过提高技能或更新技能的过程来不断地重新评估能力，以满足数字技能等新技能的需求。学术界、产业界和公共部门之间需要进行建设性对话，讨

---

① European Commission. Blue Growth and Smart Specialisation. S3 Policy Brief Series No. 17, 2016.

论如何使北海地区继续成为创新中心，拥有获得终身学习机会的高技能劳动力，以及跨越国界的劳动力市场。

北海周边国家教育和研究机构之间的密切交流，对于保持该地区世界创新中心地位至关重要。劳动力必须能够在目前需要特定能力的国家之间流动，必须采取专门措施，确保支持年轻人进入劳动力市场。

本章小结

本章阐述了北海海洋治理面临的问题和挑战及发展趋势。

北海是欧洲的重要组成部分，欧洲海洋环境的质量状况好坏参半，不可避免地会影响到北海的海洋环境质量。长期以来，由于对石油和天然气的依赖，经济发展、工业生产和居民活动的增加，加之海洋及海滩受到塑料废物污染、海水富营养化、工业、航运以及天然气和石油开采中化学品及重金属污染的影响日益严重，极大损害了北海地区的生态系统，并导致了严重的环境问题。气候变化严重威胁沿岸和海洋生态，使得北海地区海洋治理面临严峻的现实挑战。

然而，相对来说，北海海洋治理是成功的，其治理模式堪称全球海洋治理的一个成功范例。走向未来的北海海洋治理，正呈现出六大发展趋势：一是加强海洋空间规划，二是发展可持续蓝色经济，三是打造健康海洋环境并循环利用资源，四是推动实现气候中和，五是推进区域互联互通，六是促进智慧创新发展。

第七章

北海治理模式对其他
半闭海治理的启示

北海地区国家在地理上包括丹麦、瑞典、德国、荷兰、比利时、英国、法国和挪威。该地区包括发达的欧洲区域经济体，涵盖主要的城市中心、农村和边缘区域。北海地区国家之间有着深厚的历史文化联系、密集的贸易和旅游交流。"二战"以来，该地区有着和平与繁荣合作的共同历史。西方国家认为，北海地区是欧洲最成功的地区之一，是欧洲经济增长的引擎，拥有强大的经济体，汇集了行业实力、生产技能、专业知识、最佳做法和英才中心。该地区的特点是环境标准高，劳动力市场条件公平，福利制度运作良好，社会包容、正义、平等，腐败程度低。这些是建立在牢固的联系、共同的文化和相关的语言之上的。因此，北海地区有能力在欧洲分享最佳做法，并在更广泛的欧盟问题上发挥卓越中心的作用。

北海地区是现代工业发展的摇篮，拥有强大的产业和研究集群，在欧洲创新史上和区域创新记录中，大多数北海地区国家都被视为创新领袖或者是强有力的创新者。北海地区是欧洲世界贸易的门户，是欧洲的能源枢纽，也是7000多万欧洲人的家园。对于欧洲增强综合实力、适应数字时代的雄心而言，北海地区的良好治理至关重要。欧洲努力履行其在《巴黎协定》中的承诺，并认为在可再生能源方面日益自给自足。北海是世界上最繁忙和使用最密集的海洋区域之一。航运、石油、天然气、风能、渔业、水产养殖、旅游和娱乐等活动都需要协调，有时还需要加权优先，以实现北海的可持续发展。在海洋监视和安全方面，北海地区致力于开发负担得起的、有足够能力的海上通信，以便于实时监测并推广物联网、在海上作业中使用自主船只和无人机等新技术。

北海周边区域在规划和管理上，立足可持续性的最佳经济发展方向，具有不同的规划发展能力，在解决气候变化对北海水域的影响方面也是有差异的。政府间的气候变化专门委员会报告指出，海洋变暖、海洋热浪、二氧化碳吸收引起的海洋表面酸化、氧气损失、海平面上升等，导致海洋和沿海生态系统的生物多样性变化，这些情况将挑战和影响海洋生物资源的捕捞和开发方式。气候变化将导致鱼类种群迁移到较冷的水域，因此温暖水域的物种将迁移到北海。在水产养殖中，更多的疾病将发生在温暖的水域，因而冷水物种的培育将不得不寻找新的地点。海产品的捕获和生产，对于养活数量日益增长的世界人口更加重要。北海地区的一项共同义务就是要提供健康食品，因此现在比以往任何时候都更需要关于在海洋资源收获和生产的基础上实现可持续增长的专门知识和技能。

　　北海周边国家面积、人口、城市化和经济结构各不相同。其中，有些是欧盟成员国，有些则不是。地方政府根据国家法律和传统有不同的权限、法律和财政地位。支持海洋多种不同用途的法律与其活动本身均多样而复杂。国际公约、欧洲条例和国家立法往往是部门性的，以促进不同的经济或环境目标。不同的条例和法律常常缺乏一致性，其复杂的原因在于单一海洋盆地内缺乏可持续利用海洋资源的总体办法。加之共同面临跨领域挑战，因此需要有一个领土框架和一个综合办法，去形成更好的凝聚力。北海委员会等区域组织和机制不负众望地起到了凝聚力的作用，以高度的协调与协作，推动成员国和区域当局政策以及来自北海地区的公民倡议落实落地，共同应对面临的挑战，有力促进北海本身和整个北海宏观区域的稳定和可持续发展。具体而言，北海治理机制在应对相关主要挑战方面发挥着关键作用。一是管理全球竞争，防止和管理气候变化对生物多样性、天气条件、海平面上升、海陆温度变化、人类健康等产生短期和长期影响。二是在城市化、人口移徙和人口老龄化的情况下,维持和提高城市和农村地区的社会和地理凝聚力及一般福利。三是管理新冠肺炎等流行病的防控和公共卫生安全,并为今后类似情况建立复原力。四是基于多级治理原则,让公民和民间社会参与社区治理,特别是让年轻一代参与决策和公共辩论。五是利用数字化技术的快速发展,改变相互沟通和互动交流、旅行旅游和生产商品以及服务的方式。六是为实现《2030年议程》中的全球可持续发展目标以及《巴黎协定》和欧盟的"绿色协议"倡议中规定的目标作出贡献。七是管理英国退出欧盟产生的不必要影响,并塑造未来的北海合作结构。

可持续的海洋发展将成为北海发展的远景。为了实现一个富有成效和管理良好的北海,需要平衡不同的利益,以推动政府、部门参与者和企业等选择最可持续的解决方案。加强海洋研究和海洋治理,成为一种促进可持续发展的动力。

北海地区海洋治理已形成了比较成熟的经验做法——"北海治理模式"。在治理过程中,北海地区善于通过协调与合作,减少区域内差异性影响,放大积极共性优势效应。北海周边国家都是发达国家,政治体制相近,语言基本相通,经济社会发展程度相当。北海治理主体多元,具有欧盟这样的单一强势行为体,总体上看北海周边国家对欧盟政策的依从性较强,并形成周边国家的协调机制。北海海洋治理内容丰富,区域合作机构较为健全。治理主要涵括区域海洋管理、协调、监测等方面的多种有效运行机制,通过缔结条约、发表声明等方式保持多边对话、协调立场政策的区域协调治理运行机制较为普遍，多数北海治理机构同时具有多种运行机制。主要的北海治理机构之间建立了伙伴关系，就有关问题保持沟通协调。沿岸国政策的导向性，非国家行为体作用的发挥，多层治理模式的运用，"海陆联动"治理的溢出效应，注重海洋治理规划和前瞻性、战略性布局，使"北海治理模式"特点鲜明。这一海洋治理模式堪称全球海洋治理的一个成功范例，在应对北海区域面临的挑战和机遇，提高社会经济凝聚力、竞争力、环境绩效和全球海洋区域合作治理实践等方面，对其他半闭海治理具有借鉴价值和启示作用。当然，在海洋治理实践中借鉴北海治理经验做法，不能照搬照抄，需要分析和研究其他半闭海与北海各自所处的地缘政治环境、历史文化和经济发展水平等差异性，从实际情况出发，进行有选择地借鉴。

结　语

全球海洋治理是指各国政府、国际政府间组织、国际非政府组织、跨国企业、个人等通过具有约束力的国际规则和广泛的协商合作，共同解决全球海洋问题，从而在全球范围内实现人海和谐，实现海洋的可持续开发利用。产生全球海洋治理概念的背景主要包括客观基础——海洋的自然特性，基本前提——全球化的不断扩展，以及现实需要——全球海洋问题频发。全球海洋治理与全球治理有着相似的基本目标，在价值理念方面存在着一致性。全球海洋治理认同并遵循全球治理所倡导的多元主体共同行动、关注全人类共同利益、建立全球意识和全球情怀等价值理念，并以此指导开展全球海洋治理活动。

全球海洋治理是超越单一主权国家的国际海洋治理行动的集合体，是国际海洋事务的多元互动的公共治理，突出国际事务的共治，并为此构建多元主体共同参与、平等参与的平台，完善多元主体平等协商的机制。全球海洋治理包括国家间合作治理、区域合作治理和全球合作治理三个层面。其治理目标主要是通过主权国家的合作方式、国际政府组织的主导方式、国际非政府组织的补充方式以及国际规则的强制性作用来实现。全球海洋治理的重要现实意义主要体现在三个方面：一是有助于全球海洋环境问题与海洋安全问题的解决；二是有助于维护正常的国际海洋秩序；三是有助于建设和谐海洋，实现海洋的可持续开发与利用。

北海海洋治理实践是全球海洋治理区域化实践的成功案例，其中一些理念和实践在半闭海地区海洋治理中处于领先地位。北海海洋治理的雏形始于20世纪60年代，早期区域合作的重点领域主要为海洋污染防治和环境保护，至今仍是北海海洋治理的重要内容。"北海治理模式"是一个关于北海海洋治理的概念图谱和总体框架。《联合国海洋法公约》是全球海洋治理北海区域实践的规制基础。半闭海制度是"北海治理模式"的法理基础。"区域主义"理论支撑全球海洋治理北海区域实践，而与"区域主义"相关的"区域治理"和"区域合作"理论内核均包含共同目标、联合行动，它们在特定场域下可以相互重叠、替代或转换。基于北海海洋治理实践原型、法理规制和理论依据，可以将"北海治理模式"界定为：相似地缘结构的北海地区主权国家群体以及非国家行为体，在利益扩展过程中，寻求海洋治理共同认识和目标，并借助于相应的规范和行为准则作为框架，相互影响、相互作用的理念、机制、行动及其效果。

在治理过程中，"北海治理模式"重视发挥国家行为体、国际政府间组织（全球性组织和区域性国际组织）、国际非政府组织和跨国公司等全球海洋治理主体的作用，尤其是充分发挥欧洲周边海域会议北海委员会、"欧盟战略创新计划"北海地区项目、北海会议、北海海上安全监督论坛、瓦登海三边合作机制等组织机构、机制平台作用，有序推动北海海洋治理与时俱进、不断完善。欧盟在北海海洋治理中发挥着重要的不可替代的作用，欧盟的沿海和海洋政策、综合海事政策、《海洋战略框架指令》、海洋空间规划，以及欧盟《全球海洋治理宣言》等，为"北海治理模式"实施提供了重要的政策资源。欧盟以及奥斯巴委员会等其他国际组织和多边机制，通过制定普适性政策方针、划拨资金支持具体项目、出席北海地区机制活动、发布审查评估报告等方式，直接或间接参与、协调北海海洋治理。北海海洋治理不只聚焦于海洋本身，也关注海洋对社会经济发展影响，运筹"海陆联动"。在具体实践过程中，政府、商界、学界和民间共同参与治理，善于规划，分类分级立项，并积极开展国际合作，形成了一种特殊形态的多层治理。

"北海治理模式"的形成和发展具有明显的阶段性和成长性。该治理模式涉及的相关国家将重点放在区域治理上，强调区域内部的多元整合、良性互动和价值认同，通过体制设计促进认同，从而构建外部排他与内部共商的"自主治理"模式。随着问题的影响范围不断扩大，对外部资源的需求也不断增加，北海区域内治理主体逐步接纳并寻求区域外主体参与治理，打通更多多边的治理渠道。同样，伴随合作领域或者说治理的客体不断扩展，北海海洋治理愈发开放，呈现出一种开放的"区域主义"。北海会议、瓦登海合作等案例，充分证明了北海治理机制适应新形势、应对新问题的自我完善。"北海治理模式"不仅是单纯地保护海洋，还在保护的同时开发海洋潜能，通过海洋挖掘新资源、新业态、新风尚，推动北海周边国家经济社会发展，造福地区民众。

"北海治理模式"的内涵和外延随着理论实践和发展而动态变化，虽然面临一些问题和挑战，但同时也有新机遇和新趋势。例如，北海区域内贸易活动全面而充分，与世界主要港口运输线路联通，海运业可持续发展前景好。北海地区可再生能源发展潜力巨大，有利于实现减排目标、促进就业和经济增长。随着北极开发的推进，凭借良好的地缘优势，北海地区与北极地区将更好地联通融合，更多北海周边国家可从扩大和深化的合作中获益。北海是至今世界上公认的相对来说海洋治理得最成功的地区，但是北海委员会等治理机构不满足于现状，更加注重未来发展，正在海洋环境保护、水产养殖和渔业、新能源、交通与清洁航运、研究人员流动、劳动力技能培训、资源循环利用等领域持续创新，发展可持续的蓝色经济，打造健康、绿色、创新的北海。

在长远目标、治理领域和实现路径等方面，"北海治理模式"的成功经验和有效合作机制对其他半闭海治理具有重要的启示意义和借鉴价值。

参考文献

外文文献

［1］Adalberto Vallega. Ocean Governance in Post-modern Society—A Geographical Perspective［J］. Marine Policy, 2001, 25（6）: 399-414.

［2］Adalberto Vallega. The Regional Approach to the Ocean, the Ocean Regions, and Ocean Regionalisation—A Post-modern Dilemma［J］. Ocean & Coastal Management, 2002, 45: 752.

［3］Aldo Chircop. Regional Cooperation in Marine Environmental Protection in the South China Sea: A Reflection on New Directions for Marine Conservation［J］. Ocean Development & International Law, 2010, 41（4）: 334-356.

［4］Alfred M. Duda. Contributing To Ocean Security: Global Environment Facility Support For Integrated Management of Land-Sea Interactions［J］. Journal of International Affairs, 2005, 59（1）: 179-201.

［5］Andrus Meiner. Integrated Maritime Policy for the European Union—Consolidating Coastal and Marine Information to Support Maritime Spatial Planning［J］. Journal of Coastal Conservation, 2010, 14（1）: 4.

［6］Angela Carpenter. The Bonn Agreement Aerial Surveillance Programme: Trends in North Sea Oil Pollution 1986-2004［J］.

Marine Pollution Bulletin, 2007, 54（2）: 149-163.

［7］Angela Carpenter. Oil Pollution in the North Sea: the Impact of Governance Measures on Oil Pollution over Several Decades［J］. Hydrobiologia, 2019, 845（1）: 109.

［8］Antonia Zervaki. The Ecosystem Approach and Public Engagement in Ocean Governance: The Case of Maritime Spatial Planning, The Ecosystem Approach in Ocean Planning and Governance-Perspectives from Europe and Beyond. Brill, 2019: 236.

［9］Belgian Federal Parliament. Marine Spatial Plan for the Belgian Part of the North Sea, 2014.

［10］Bernard H. Oxman. The Territorial Temptation: A Siren Song at Sea［J］. The American Journal of International Law, 2006, 100（4）: 830-851.

［11］Boleslaw A. Boczek. International Protection of the Baltic Sea Environment Against Pollution: A Study in Marine Regionalism［J］. The American Journal of International Law, 1978, 72（4）: 782-814.

［12］Björn Baschek, Martin Gade, Karl-Heinz van Bernem, Fabian Schwichtenberg.The German Operational Monitoring System in the North Sea: Sensors, Methods and Example Data. Oil Pollution in the North Sea, Springer, 2016: 166.

［13］Clive Schofield, Ian Townsend-Gault. From Sundering Seas to Arenas for Cooperation: Applying the Regime of Enclosed and Semi-Enclosed Seas to the Adriatic［J］. Geoadria, 2012, 17（1）: 13-24.

［14］Common Wadden Sea Secretariat. Wadden Sea Plan 2010, 2010.

［15］Cormac Walsh, Andreas Kannen. Planning at Sea: Shifting Planning Practices at the German North Sea Coast［J］. Spatial Research and Planning, 2019, 77（2）: 149.

［16］David Anderson. Modern Law of the Sea: Selected Essays［R］. Martinus Nijhoff Publishers, 2008.

［17］David M. Ong. Joint Development of Common Offshore Oil and Gas Deposits: "Mere" State Practice or Customary International Law［J］. The American Journal of International Law, 1999, 93（4）: 771-804.

［18］D. Pyć. Global Ocean Governance［J］. The International Journal on Marine Navigation and Safety of Sea Transportation, 2016, 10（1）: 159.

［19］Erik Olsen, Silje Holen, Alf Håkon Hoel, et al. How Integrated Ocean Governance in the Barents Sea was Created by a Drive for Increased Oil Production［J］. Marine Policy, 2016, 71: 293-300.

［20］Eugene Kamenka. Gemeinschaft and Gesellschaft［J］. Political Science, 1965, 17（1）: 3-12.

［21］European Commission. Blue Growth and Smart Specialisation. S3 Policy Brief Series No. 17, 2016.

［22］European Commission. CEF Support to North Sea-Mediterranean Corridor, 2020.

［23］European Commission. EUROPE 2020: A Strategy for Smart, Sustainable and Inclusive Growth, 2010.

［24］European Commission, Joint communication: International Ocean Governance Agenda for the Future of Our Oceans, 2016.

［25］FAO. Impacts of Climate Change on Fisheries And aquaculture, 2018: 95.

［26］Glen Wright. Marine Governance in an Industrialised Ocean: A Case Study of the Emerging Marine Renewable Energy Industry［J］. Marine Policy, 2015, 52: 81−82.

［27］Hannah Katharina Müller, Martha M. Roggenkamp. Regulating Offshore Energy Sources in the North Sea— Reinventing the Wheel or a Need for More Coordination［J］. The International Journal Of Marine And Coastal Law, 2014, 29: 716−737.

［28］Hilde M. Toonen. Sea-shore: Informational Governance in Marine Spatial Conflicts at the North Sea［D］. Ph. D thesis, Wageningen: Wageningen University, NL 2013: 22.

［29］HM Government. UK Marine Policy Statement, 2011.

［30］Holt J. Hughes S. Hopkins J, et al.. Multi-decadal Variability and Trends in the Temperature of the Northwest European Continental Shelf: A Model-data Synthesis［J］. Prog Oceanogr, 2012, 106: 96−117.

［31］ICES 14th Dialogue Meeting. Implementing the Ecosystem Approach in the Management of Fisheries. Copenhagen, ICES, 2010.

［32］International Ocean Institute-Canada. The Future of Ocean Governance and Capacity Development, Brill/Nijhoff, 2018.

［33］Interreg North Sea Region. Cooperation Programme 2014-2020: Joining Efforts to Lead the Way to Stronger, More Sustainable Economies and Societies, 2014.

［34］IPCC. Climate Change 2014: Synthesis Report. Contribution of Working Groups I, II and III to the Fifth Assessment Report of the Intergovernmental Panel on Climate Change［R］. Geneva: IPCC, 2014: 59.

［35］James Stocker. No EEZ Solution: The Politics of Oil and Gas in the Eastern Mediterranean, Middle East Journal, 2012, 66（4）: 579-597.

［36］Jan van Tatenhove. Integrated Marine Governance: Questions of Legitimacy［J］. Maritime Studies, 2011, 10（1）: 87-113.

［37］Jesper H. Andersen, Andy Stock, Stefan Heinänen, Miia Mannerla, Morten Vintherp. Human Uses, Pressures and Impacts in the Eastern North Sea［R］. Aarhus University, DCE-Danish Centre for Environment and Energy, 2013: 7.

［38］Jesper Raakjaer, Judith van Leeuwen, Jan van Tatenhove, et al. Ecosystem-based Marine Management in European Regional Seas Calls for Nested Governance Structures and Coordination—A Policy Brief［J］. Marine Policy, 2014, 50: 379.

［39］Johnny Reker. Constança de Carvalho Belchior and Trine Christiansen, Marine Messages: Our Seas, Our Future—Moving towards a New Understanding. Luxembourg: Publications Office of the European Union, 2014: 7.

［40］João Gorenstein Dedecca, Sara Lumbreras, Andrés Ramos, et al. Expansion Planning of the North Sea Offshore Grid: Simulation of Integrated Governance Constraints ［J］. Energy Economics, 2018, 72: 377.

［41］Jules Hinssen, Jan Willem Van Der Schans. Co-governance: A New Approach of North Sea Policy-Making? ［J］. Marine Pollution Bulletin, 1994, 28（2）: 69.

［42］Keyuan Zou. Maritime Cooperation in Semi-Enclosed Seas: Asian and European Experience ［G］. Leiden: Brill/Nijhoff, 2019.

［43］Lassi Heininen. The Arctic, Baltic, and North-Atlantic "Cooperative Regions" in "Wider Northern Europe": Similarities and Differences ［J］. Journal of Baltic Studies, 2017, 48（4）: 435–450.

［44］Lawrence Juda. Considerations in Developing a Functional Approach to the Governance of Large Marine Ecosystems ［J］. Ocean Development & International Law, 1999, 30（2）: 89–125.

［45］Lawrence Juda. The European Union and Ocean Use Management: The Marine Strategy and the Maritime Policy ［J］. Ocean Development & International Law, 2007, 38: 271.

［46］Liesbet Hooghe, Gary Marks. Unraveling the Central State, but How? Types of Multi-level Governance ［J］. American Political Science Review, 2003, 97（2）: 236.

［47］Lisa M. Campbell, Noella J. Gray, Luke Fairbanks, et al. Global Oceans Governance: New and Emerging Issues ［J］. Annual

Review of Environment & Resources, 2016, 41（1）: 517-543.

［48］L. D. M. Nelson. The Emerging New Law of the Sea［J］. The Modern Law Review, 1979, 42（1）: 42-65.

［49］Makoto Seta. The Contribution of the International Organization for Standardization to Ocean Governance, Review of European［J］. Comparative and International Environmental Law, 2019, 28: 304-313.

［50］Manfred B. Steger. From Market Globalism to Imperial Globalism: Ideology and American Power after 9/11［J］. Globalizations, 2005, 2（1）: 31-46.

［51］Maria Adelaide Ferreira, David Johnson, Carlos Pereira da Silva. Measuring Success of Ocean Governance: a Set of Indicators from Portugal［J］. Journal of Coastal Research, 2016, 2（75）: 982-986.

［52］Mike Danson. An emerging North Sea Macro-region? Implications for Scotland［J］. Journal of Baltic Studies, 2017, 48（4）: 421-434.

［53］Ministry of Environment and Food of Denmark. Danish Marine Strategy Ⅱ Focus on a Clean and Healthy Marine Environment, 2019.

［54］Nicholas Rees. Inter-regional Cooperation in the EU and beyond［J］. European Planning Studies, 1997, 5（3）: 385-406.

［55］Nick Harvey, Brian Caton. Coastal Management in Australia［M］. Adelaide: University of Adelaide Press, 2010.

［56］Nicole Parris. An Ocean Policy for the Wider Caribbean

Region（WCR）[J]. Social and Economic Studies, 2016, 65（1）: 7-56.

[57] North Sea Commission. North Sea Region 2020: North Sea Commission Strategy-Contributing to the Europe 2020, 2016.

[58] Norwegian Parliament. Act Relating to the Management of Wild Living Marine Resources, 2009.

[59] NSEC. Joint Statement of North Seas Countries and the European Commission, 6 July 2020.

[60] OSPAR Commission. OSPAR Reference Method of Analysis for the Determination of Dispersed Oil Content in Produced Water Agreement 2005-2015（Amended in 2011）[R]. London: OSPAR Commission, 2011.

[61] OSPAR Commission. The North-East Atlantic Environment Strategy, 2010.

[62] Parliament of the United Kingdom. Marine and Coastal Access Act 2009, 2009.

[63] Perrot, T.. Rossi, N.. Ménesguen, A. Dumas, F.. Modelling Green Macroalgal Blooms on the Coasts of Brittany, France to Enhance Water Quality Management [J]. Journal of Marine Systems, 2014, 132: 38-53.

[64] Peter D. Cameron. The Rules of Engagement: Developing Cross-Border Petroleum Deposits in the North Sea and the Caribbean [J]. The International and Comparative Law Quarterly, 2006, 55（3）: 559-585.

[65] Peter J. S. Jones, L. M. Lieberknecht, W. Qiu. Marine Spatial Planning in Reality: Introduction to Case Studies and

Discussion of Findings［J］. Marine Policy, 2016, 71: 261.

［66］Raimo Väyrynen. Regionalism: Old and New［J］. International Studies Review, 2003, 5（1）: 25–51.

［67］Robert O. Keohane, Joseph S. Nye. Power and Interdependence: World Politics in Transition［M］. Little, Brown and Company, 1977.

［68］Rosemary Rayfuse. Melting Moments: The Future of Polar Oceans Governance in a Warming World［J］. RECIEL, 2007, 16（2）: 196–216.

［69］Ruurd van der Meer, M. Karin de Boer, Viola Liebich, Cato ten Hallers, Marcel Veldhuis, Karin Ree. Ballast Water Risk Indication for the North Sea, Coastal Management, 2016, 44（6）: 547–568.

［70］Sue Kidd, David Massey, Hilary Davies. The ESDP and Integrated Coastal Zone Management: Implications for the Integrated Management of the Irish Sea［J］. The Town Planning Review, 2003, 74（1）: 97–120.

［71］The Dutch Ministry of Infrastructure and the Environment & The Dutch Ministry of Economic Affairs. Policy Document on the North Sea 2016–2021, 2015.

［72］The Federal Ministry for Economic Affairs and Energy, Maritime Agenda 2025: The Future of Germany as a Maritime Industry Hub, 2017.

［73］The Governments of the Kingdom of Denmark. the Federal Republic of Germany and the Kingdom of the Netherlands. Joint Declaration on the Protection of the Wadden Sea, 1982.

［74］The Governments of the North Seas Countries. Political Declaration on Energy Cooperation between the North Seas Countries, 2016.

［75］United Nations Convention on the Law of the Sea, 1982.

［76］VASAB, Country Fiche Sweden, 2020: 4.

［77］Velimir Pravdić. Strategic Approaches in Coastal Zone Management in Semi-Enclosed Seas. Requirements and Realities: Environmental Protection And Economic Development ［J］. International Journal of Environmental Studies, 2007, 42: 115-122.

［78］Vivian Louis Forbes. Conflict and Cooperation in Managing Maritime Space in Semi-enclosed Seas ［M］. Singapore University Press, 2001.

［79］https://cpmr-northsea.org.

［80］https://ec.europa.eu/.

［81］https://iho.int.

［82］https://interreg.eu.

［83］https://keep.eu/projects/21446/Ocean-Energy-Scale-up-Allia-EN.

［84］https://mst.dk/.

［85］https://northsearegion.eu.

［86］https://www.bonnagreement.org.

［87］https://www.bundesregierung.de/.

［88］https://www.ertms.net.

［89］https://www.gasworld.com/north-sea-shows-ccus-potential/2018086.article.

　　［90］https://www.gouvernement.fr/.

　　［91］https://www.imo.org/.

　　［92］https://www.ospar.org.

　　［93］http://www.projectpisces.eu.

　　［94］https://www.regeringen.dk/.

　　［95］https://www.regeringen.se/.

　　［96］https://www.regjeringen.no/.

　　［97］https://www.rijksoverheid.nl/.

　　［98］https://www.un.org/en/sections/un-charter/chapter-x/
index.html.

中文文献

　　［1］陈玉刚. 区域合作的国际道义与大国责任［J］. 世界
经济与政治，2010（8）：67.

　　［2］蔡拓. 全球学与全球治理［M］. 北京：北京大学出
版社，2017：221-222.

　　［3］崔伟奇，史阿娜. 论库恩范式理论在社会科学领域中
运用的张力［J］. 学习与探索，2011（1）.

　　［4］崔野，王琪. 关于中国参与全球海洋治理若干问题的
思考［J］. 中国海洋大学学报（社会科学版），2018（1）：
12-13.

　　［5］高程. 区域合作模式形成的历史根源和政治逻辑——
以欧洲和美洲为分析样本［J］. 世界经济与政治，2010
（10）：34-35，56.

　　［6］葛红亮. 新兴国家参与全球海洋安全治理的贡献和不

足［J］.战略决策研究，2020（1）：48.

［7］宫倩.国际区域合作的驱动力要素论析［J］.理论与现代化，2016（4）：23-25.

［8］黄任望.全球海洋治理问题初探［J］.海洋开发与管理，2014（3）：48-56.

［9］洪邮生，李峰.变局中的全球治理与多边主义的重塑——新形势下中欧合作的机遇和挑战［J］.欧洲研究，2018（1）.

［10］蒋昌建，潘忠岐.人类命运共同体理论对西方国际关系理论的扬弃［J］.浙江学刊，2017（4）.

［11］李斌.非政府国际组织基本理论问题初探［J］.南京大学法律评论，2003（秋）.

［12］李静，周青，孙培艳，等.欧洲北海溢油应急合作机制初探［J］.海洋开发与管理，2015（6）：81-84.

［13］李擎.论海洋污染的国际法规制［J］.中国环境管理干部学院学报，2014，24（6）：14.

［14］刘惠荣，孙彦.海洋环境保护立法的国际比较［J］.海洋开发与管理，2006（2）：71.

［15］刘莲莲.国际组织理论：反思与前瞻［J］.厦门大学学报（哲学社会科学版），2017（5）.

［16］鲁本录，石国进.论范式的规范功能［J］.湖北社会科学，2012（9）.

［17］吕进锋，曹能秀.试论地理学研究范式——从"范式"概念谈起［J］.保山学院学报，2018（10）.

［18］马海龙.区域治理：一个概念性框架［J］.理论月刊，2017（11）：74-75.

190 全球海洋治理视阈下的
"北海治理模式"研究

［19］马金星.全球海洋治理视域下构建"海洋命运共同体"的意涵及路径［J］.太平洋学报，2020，28（9）：1-15.

［20］庞中英.在全球层次治理海洋问题——关于全球海洋治理的理论与实践［J］.社会科学，2018（9）：3-11.

［21］全家霖.区域合作理论的几种看法——政治经济学与经济学为中心［J］.国际论坛，2001（4）：14-16.

［22］邵钰蛟.论国际海洋环境污染 治理立法的有效性［J］.法制与社会，2016（11）.

［23］舒小昀.北海油气资源与周边国家边界划分［J］.湖南科技学院学报，2007，28（11）：127-129.

［24］孙景宇.全球治理的困境与出路：《帝国主义论》的启示［J］.经济学家，2018（9）：24.

［25］孙仲.国际组织理论研究评析［J］.浙江大学学报（人文社会科学版），2001（2）.

［26］王琪，崔野.将全球治理引入海洋领域——论全球海洋治理的基本问题与我国的应对策略［J］.太平洋学报，2015，23（6）：17-27.

［27］王印红，刘旭.我国海洋治理范式转变：特征及动因［J］.中国海洋大学学报（社会科学版），2017（6）.

［28］王再文，李刚.区域合作的协调机制：多层治理理论与欧盟经验［J］.当代经济管理，2009（9）：49-50.

［29］王正毅.全球治理的政治逻辑及其挑战［J］.探索与争鸣，2020（3）：7-8.

［30］习近平.决胜全面建成小康社会，夺取新时代中国特色社会主义伟大胜利——在中国共产党第十九次全国代表大会上的报告［M］.北京：人民出版社，2017.

［31］习近平.论坚持推动构建人类命运共同体［M］.北京：中央文献出版社，2018.

［32］徐步华.全球治理理论与传统国际关系理论范式的比较分析［J］.马克思主义与现实，2016（4）.

［33］张承安，周彬.实质、影响、策略：中美贸易摩擦与全球治理［J］.长沙理工大学学报（社会科学版），2019，34（4）：46.

［34］张云."区域治理"理论在国际关系研究中的嬗变［J］.广东技术师范学院学报（社会科学版），2015（4）：59-62.

［35］赵隆.北极区域治理范式的核心要素：制度设计与环境塑造［J］.国际展望，2014（3）：108.

［36］郑先武.全球治理的区域路径［J］.探索与争鸣，2020（3）.

［37］朱锋.关于区域主义与全球主义［J］.现代国际关系，1997（9）.

［38］朱璇，贾宇.全球海洋治理背景下对蓝色伙伴关系的思考［J］.太平洋学报，2019，27（1）：50-59.

［39］朱烨.国内全球治理理论研究述评［J］.哈尔滨市委党校学报，2014（5）.

后　记

　　本书是我博士学位论文的主体内容，其得以出版，首先要特别感谢我的导师——国际安全研究领域知名学者朱锋教授的精心指导。非常感谢在论文开题报告期间洪邮生、冯梁等教授和导师一起，就论文框架结构、研究范围、调整章节内容等提出建设性意见，促使我更好地把准选题方向、完善研究思路、明确研究重点。非常感谢在预答辩期间洪邮生、谭树林、宋德星、郑先武、冯梁等教授和导师一起给予具体指导。感谢三位盲审专家提出指导性建议，使论文修改后更趋完善。感谢论文答辩委员会洪邮生主席和谭树林、宋德星、刘强、郑先武等教授的点评、肯定和鼓励。感谢南京大学研究生院、历史学院、国际关系研究院给予我帮助和支持的各位领导和老师，以及并肩前行、共同进步的同窗。感谢我的家人一直以来的默默支持、关怀和帮助！

　　本书的出版，我要特别诚挚地感谢中国海洋大学校长于志刚教授的积极推荐，感谢中国海洋大学出版社杨立敏社长的热情鼓励。

　　鉴于时间所限，疏漏和不当之处敬请读者批评指正。

张乐磊

2021年6月30日